MINERALOGIE UND PETROGRAPHIE IN EINZELDARSTELLUNGEN

HERAUSGEGEBEN VON

W. v. ENGELHARDT und J. ZEMANN

VIERTER BAND

DIE GENESE VON DOLOMIT IN SEDIMENTEN

VON

HANS-EBERHARD USDOWSKI

Dr. rer. nat., Privatdozent an der Universität Göttingen

MIT 44 ABBILDUNGEN

SPRINGER-VERLAG

BERLIN · HEIDELBERG · NEW YORK

1967

ISBN-13: 978-3-540-03927-3   e-ISBN-13: 978-3-642-86269-4
DOI: 10.1007/978-3-642-86269-4

Titel-Nr. 6304

Vorwort

Die Entstehung von Dolomit ist ein Kernproblem der Sedimentforschung. Die Grundgedanken sind alt. Bereits im vorigen Jahrhundert wurde die Ansicht geäußert, daß Dolomite innerhalb der Erdkruste durch die Reaktion von Kalken mit Mg-haltigen Lösungen entstehen. Daneben existierte die erst in neuerer Zeit bestätigte Vorstellung, daß Dolomit direkt an der Erdoberfläche unter der Mitwirkung von Lösungen gebildet wird. Unter diesen und auch anderen Gesichtspunkten wurde im Laufe der Zeit eine Fülle von petrographischen, geochemischen, geologischen und experimentellen Untersuchungsergebnissen zusammengetragen. In der vorliegenden Monographie soll unter Berücksichtigung der wichtigsten Literatur und auf Grund eigener Untersuchungen in großen Zügen eine zusammenfassende Darstellung der Dolomitentstehung vermittelt werden. Viele wertvolle Bearbeitungen von Einzelfragen konnten in diesem Rahmen nicht erwähnt oder erörtert werden. Es ist das Anliegen des Autors durch die auf der Interpretation eines Mehrstoffsystems beruhende Konzeption der Dolomitgenese die Erörterung eines alten Problems neu zu beleben.

Die experimentellen Untersuchungen wurden von 1963 bis 1965 am Sedimentpetrographischen Institut der Universität Göttingen durchgeführt. Herrn Professor Dr. Dr. h. c. C. W. CORRENS danke ich für viele wertvolle und anregende Diskussionen sowie dafür, daß die Untersuchungen in großzügiger Weise gefördert wurden. Frau Dr. P. SCHNEIDERHÖHN, Herrn Professor Dr. K. H. WEDEPOHL, Herrn Professor Dr. H. G. F. WINKLER und Herrn Professor Dr. J. ZEMANN bin ich ebenfalls für viele wertvolle Besprechungen und die ständige Bereitschaft, den Fortgang der Arbeit zu unterstützen, zu großem Dank verpflichtet. Fräulein CH. RÜTHER hat einen großen Teil der präparativen und analytischen Arbeiten sehr zuverlässig durchgeführt. Der *Deutschen Forschungsgemeinschaft* danke ich für die zur Verfügung gestellten Mittel.

Göttingen, März 1966   HANS-EBERHARD USDOWSKI

Inhalt

I. Einleitung 1

II. Die Darstellung von Lösungsgleichgewichten 1
   1. Systeme mit 2 Komponenten 2
   2. Systeme mit 3 Komponenten 4
   3. Systeme mit 4 Komponenten 6
   4. Systeme mit 5 Komponenten 11
   5. Systeme mit 6 Komponenten 13

III. Die Darstellung der Systeme der Ca-Mg-Karbonate, -Sulfate und -Chloride 13
   1. Tetraedermodell 13
   2. Prismamodell 15

IV. Untersuchungsverfahren 16

V. Systeme 18
   1. Systeme ohne Karbonate 18
   2. Systeme mit Karbonaten 24
   3. Die isotherme Verdampfung 38

VI. Anwendungsbereich der Systeme 42

VII. Karbonatbildung im sedimentären Bereich 43
   1. Biogene Karbonate 43
   2. Unter der Mitwirkung von Organismen gebildete Karbonate . . . 43
   3. Anorganische Karbonatabscheidung 43

VIII. Bereiche der Dolomitbildung 44

IX. Frühdiagenese 46
   1. Petrographie rezenter Ca-Mg-Karbonate 46
   2. Gleichgewichte und Mineralreaktionen 49

X. Spätdiagenese 53
   1. Porenlösungen 53
   2. Umkristallisation 57
   3. Reaktionen zwischen Mineralen und Lösungen 61
   4. Dolomitisierung 68
   5. Dedolomitisierung 74
   6. Magnesitbildung 77

XI. Betrachtungen zur Stoffbilanz des Mg 79

XII. Zusammenstellung der Gleichgewichtsdaten 83

Literatur 88

Sachverzeichnis 93

I. Einleitung

Unter den Gesteinen der Erdkruste befinden sich etwa 10^{18} t Sedimente. Der Anteil der Karbonate an den Sedimenten beträgt ungefähr 8%. Karbonatgesteine sind während der ganzen heute verfolgbaren Erdgeschichte gebildet worden. Es ist ein geochemisches Prinzip, daß Kohlensäure auf Grund der chemischen Affinität und der Elementhäufigkeit zu einem großen Teil durch Ca und Mg gebunden wird. Die so gebildeten Karbonate zeigen hauptsächlich alle Übergänge zwischen Kalken und Dolomiten, in denen das Mg zusammen mit dem Ca das Mineral Dolomit aufbaut oder in fester Lösung im Calcit vorliegt. Magnesitgesteine sind dagegen relativ selten.

Die Entstehung der Kalksteine ist im wesentlichen bekannt. Über die Genese der Dolomite herrscht dagegen Unklarheit. Die Frage nach der Dolomitentstehung ist zugleich eine Frage nach den physikalisch-chemischen Bedingungen, unter denen sich die gesteinsbildenden Karbonate bilden und umbilden. Karbonate werden aus wäßrigen Lösungen abgeschieden. Es ist daher nur mit Hilfe von Lösungsgleichgewichten möglich, die Genese von Karbonaten qualitativ und quantitativ zu verfolgen.

Die Lösungsgleichgewichte der gesteinsbildenden Karbonate werden durch die Festkörper *und* die Lösungen bestimmt, mit denen die festen Substanzen in Berührung gelangen. Als Festkörper kommen im wesentlichen Calcit, Dolomit, Magnesit und die oft mit ihnen paragenetisch auftretenden Ca-Sulfate und auch Halit in Frage. Die natürlichen Lösungen, die diese Minerale berühren, sind das Meerwasser, verändertes Meerwasser (Meerwasser verschiedener Eindunstungsstadien), Porenwässer (Formationswässer) und Oberflächenwässer. Betrachtet man diese verschiedenen Lösungen, so stellt man fest, daß sie hauptsächlich Na^+, K^+, Ca^{2+}, Mg^{2+}, Cl^-, SO_4^{2-} und HCO_3^- in wechselnden Mengenverhältnissen enthalten. Vernachlässigt man das K^+, das in der Häufigkeit gegenüber dem Na^+ zurücktritt und weitere Ionen, die in Spuren vorkommen, lassen sich die Beziehungen zwischen den Festkörpern und den Lösungen durch senäre Systeme (Sechsstoffsysteme) ausdrücken, die zwischen den Extremfällen des NaCl-gesättigten senären Systems $Na_2^+ - Ca^{2+} - Mg^{2+} - CO_3^{2-} - Cl_2^{2-} - SO_4^{2-} - H_2O$ und des quinären Systems $Ca^{2+} - Mg^{2+} - CO_3^{2-} - Cl_2^{2-} - SO_4^{2-} - H_2O$ liegen.

II. Die Darstellung von Lösungsgleichgewichten [1]

Die Lösungsgleichgewichte behandeln die Beziehungen zwischen Festkörpern und Lösungen in Gegenwart oder Abwesenheit von Dampf. Ein qualitatives Verständnis der Wechselbeziehungen der verschiedenen Phasen in den verschiedenen Systemen er-

---

[1] Ausführlichere Behandlungen befinden sich z. B. bei FINDLAY, A.: Die Phasenregel und ihre Anwendungen. Weinheim: Chemie-Verlag 1958, und bei VOGEL, R.: Die heterogenen Gleichgewichte. Leipzig: Akademische Verlagsgesellschaft 1959.

möglicht die Gibbssche Phasenregel $P + F = K + 2$. Es bedeuten: $P =$ Anzahl der Phasen (feste, flüssige und gasförmige Substanzen), $F =$ Anzahl der Freiheiten (Druck, Temperatur und Konzentrationen, d. h. Mischungsverhältnisse der Komponenten), $K =$ Anzahl der Komponenten.

Die Zusammensetzungen von Lösungen lassen sich durch relative oder absolute Konzentrationen ausdrücken. Relative Einheiten sind Molenbrüche, Molprozente, Gewichtsverhältnisse und Gewichtsprozente. Für die absolute Konzentration wird am zweckmäßigsten die Dimension Masse der gelösten Substanz/Masse des Lösungsmittels verwendet (z. B. Gramm/100 Gramm H_2O oder Mole/1000 Mole H_2O). Die Formulierung der Konzentration als Masse der gelösten Substanz/Volumen der Lösung ist unzweckmäßig. Sollen aus diesem Quotienten die Massenanteile von H_2O und des gelösten Stoffs einer relativ konzentrierten Lösung berechnet werden, ist die Kenntnis der meist nicht oder nur unzulänglich bekannten Dichte der Lösung erforderlich. Nur bei starker Verdünnung kann die Dichte der Lösung der des Lösungsmittels gleichgesetzt werden.

1. Systeme mit 2 Komponenten

In der Abb. 1 wird das binäre System $AX - H_2O$ bei einem konstanten Druck in Abhängigkeit von der Temperatur und der absoluten Konzentration der Lösungen betrachtet. AX soll mit dem Wasser keine Verbindungen (Hydrate) bilden. Ferner soll die Löslichkeit von AX mit steigender Temperatur zunehmen.

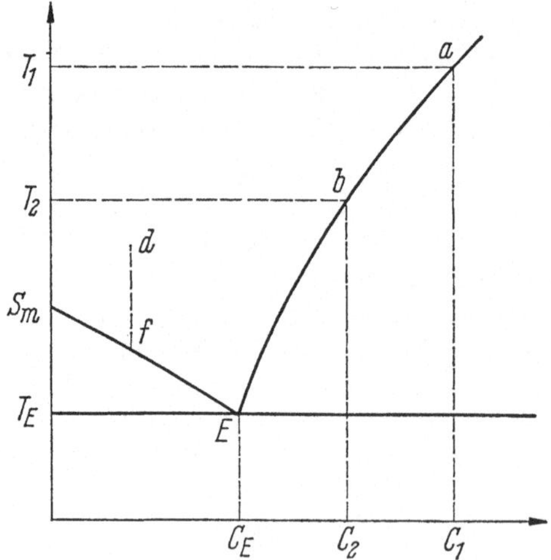

Abb. 1. Die isobare Darstellung des Systems $AX - H_2O$

Auf der Ordinate ist die Menge des gelösten Stoffs $= 0$. Sm ist der Schmelzpunkt von Eis. Hier sind Wasser und Eis im Gleichgewicht. Unterhalb vom Sm ist nur Eis vorhanden. Oberhalb dieses Punktes liegt nur Wasser vor. Der Druck ist so gewählt worden, daß kein Dampf auftritt. Wird zu Wasser mit der Temperatur T_1 festes AX gegeben, entsteht eine Lösung. Bei einer fortlaufenden Zugabe von AX ändert sich die Konzentration der Lösung entlang der Linie $T_1 - a$. Hat sie den Punkt a erreicht, ist sie gesättigt. Bei der Temperatur T_1 sind also die Lösung a mit der Konzentration C_1 und der Festkörper AX im Gleichgewicht. Löst man AX bei einer tieferen Temperatur T_2, wird die Sättigung bereits bei der kleineren Konzentration C_2 erreicht. Die Löslichkeit von AX steigt daher mit zunehmender Temperatur. Die Linie $E-b-a$ ist die Löslichkeitskurve von AX. Links der Kurve liegen ungesättigte Lösungen vor. Rechts der Kurve sind gesättigte Lösungen mit festem AX stabil.

Wird eine Lösung d abgekühlt, scheidet sich am Punkt f Eis ab. Hierdurch verringert sich die Menge des Wassers und die Konzentration der Lösung steigt. Wird weiter abgekühlt, ändert sich die Zusammensetzung der Lösung durch weiteres Abscheiden von Eis entlang der Linie $Sm-E$ von f nach E. Am Punkt E ist die Lösung bereits so sehr an H_2O verarmt, daß sich zusätzlich festes AX bildet. Bei der Temperatur T_E sind also Eis, festes AX und eine Lösung der Konzentration C_E im Gleichgewicht. Das Feld $Sm-E-T_E$ ist der Stabilitätsbereich von Eis und gesättigten Lösungen (diese Lösungen sind an H_2O gesättigt!). Unterhalb der abszissen-parallelen Linie bei T_E sind Eis und festes AX stabil. Bei der Abkühlung von Lösungen, deren Konzentrationen größer als C_E sind, trifft man auf die Löslichkeitskurve $E-b-a$. In diesem Fall wird zuerst AX und am Punkt E auch Eis abgeschieden.

Für das Gleichgewicht am kryohydratischen Punkt E ist nach der Phasenregel $F=1$ ($K=2$, $P=3$, Lösung$+$AX$+$Eis). Das Gleichgewicht ist monovariant oder univariant. Von den Variablen Druck, Temperatur und Konzentration kann also eine Größe festgelegt werden. Gibt man dem Druck einen bestimmten Wert, müssen für das Gleichgewicht zwischen Eis, Lösung und AX die Temperatur und die Konzentration bestimmte Werte annehmen. Ändert man den Druck, ändern sich auch die Temperatur und die Konzentration am Punkt E. In gleicher Weise ändern sich auch die übrigen Gleichgewichte. Die Abhängigkeit der Lagen der Gleichgewichte vom Druck läßt sich in einem Raumdiagramm darstellen. Hierfür wird der Druck auf einer dritten Koordinate aufgetragen, die senkrecht auf der $T-C$-Darstellung steht. Aus dem invarianten Punkt E wird eine univariante Linie. Die univarianten Linien $Sm-E$ und $E-b-a$ werden zu divarianten Flächen.

Bei den bisherigen Betrachtungen wurde der Druck so groß gewählt, daß kein Dampf entstehen konnte. Wird der Druck jedoch so klein gehalten (z. B. durch Evakuieren des Gefäßes), daß sich Dampf bildet, kann über den Druck nicht mehr frei verfügt werden, da er bei gegebener Temperatur als Dampfdruck fixiert ist. Für das Gleichgewicht am Punkt E wird in Anwesenheit von Dampf $F=0$ ($K=2$, $P=4$, Dampf, Lösung, Eis, AX). In Gegenwart von Dampf geht also ein Freiheitsgrad verloren.

Für viele Problemstellungen sind Lösungsgleichgewichte bei tieferen Temperaturen nicht sehr bedeutend. Man verzichtet daher oft auf die Darstellung (und auch auf die Untersuchung) der Phasenbeziehungen in Gegenwart von Eis und trägt in das $T-C$-Diagramm nur die Löslichkeitskurve ein. Soll auch der Einfluß des Drucks dargestellt werden, ohne daß ein dreidimensionales Diagramm verwendet wird, können in die $T-C$-Darstellung die Löslichkeitskurven für verschiedene Drucke eingetragen werden. Im Fall der Abwesenheit von Dampf gilt für jede Kurve ein bestimmter Druck. Beziehen sich die Löslichkeitsangaben dagegen auf den Sättigungsdruck (Gegenwart von Dampf), ist die Löslichkeitskurve nicht isobar, sondern polybar. In diesem Fall gehört zu jedem Punkt auf der Kurve ein anderer Druck.

2. Systeme mit 3 Komponenten

Fügt man zum System $AX-H_2O$ eine weitere Komponente BX hinzu, resultiert das ternäre System $AX-BX-H_2O$ $(A^+-B^+-X^--H_2O)$. Es kann für einen gegebenen Druck und eine gegebene Temperatur in einem rechtwinkligen Koordinatensystem dargestellt werden (Abb. 2). Auf der Ordinate ist die Konzentration von AX,

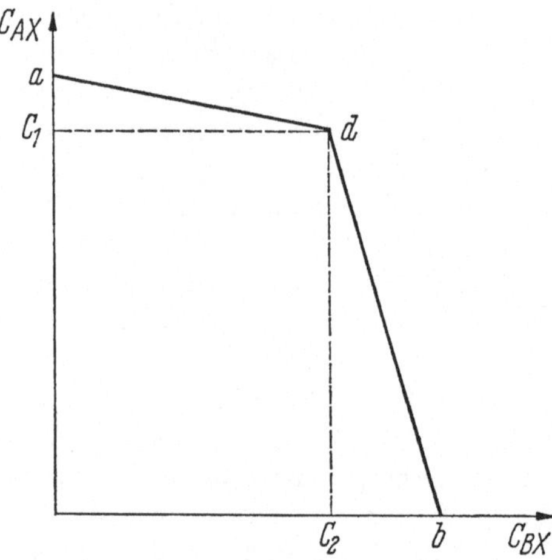

Abb. 2. Isobare und isotherme Darstellung des Systems $AX-BX-H_2O$

auf der Abszisse die Konzentration von BX in den Lösungen aufgetragen. Die Punkte *a* und *b* sind die isobaren und isothermen Löslichkeiten von AX und BX in den Randsystemen $AX-H_2O$ und $BX-H_2O$. Gibt man zu einer gesättigten Lösung von AX etwas BX, erniedrigt sich auf Grund des gleichionigen Zusatzes die Sättigungskonzentration von AX. Es muß sich AX aus der Lösung abscheiden. Der Festkörper steht mit einer AX-gesättigten, BX-haltigen Lösung im Gleichgewicht. Bei einer fortgesetzten Zugabe von BX ändert sich die Zusammensetzung der Gleichgewichtslösung entlang der Linie *a*—*d* so lange, bis am Punkt *d* auch die Sättigungskonzentration von BX erreicht ist. Der gleiche Vorgang läuft ab, wenn zu einer gesättigten Lösung von BX fortlaufend festes AX gegeben wird. Die Zusammensetzung der Lösung ändert sich hierbei entlang der Linie *b*—*d*. Oberhalb von *a*—*d* ist AX und rechts von *b*—*d* ist BX mit Lösungen stabil, die BX-haltig und AX-gesättigt bzw. AX-haltig und BX-gesättigt sind. Am Punkt *d* sind AX, BX und die Lösung *d* im Gleichgewicht. Die Lösung *d* ist sowohl an AX als auch an BX gesättigt. Sie hat die Zusammensetzung C_1+C_2 (Masse AX + Masse BX / Masse H_2O). Innerhalb der von den Löslichkeitskurven und den Koordinaten begrenzten Fläche befinden sich ungesättigte Lösungen.

Soll auch der Druck oder die Temperatur berücksichtigt werden, kann man je eine dieser Variablen in einem Raumdiagramm auf der dritten Koordinate darstellen. Für eine umfassende Übersicht sind zwei Diagramme erforderlich, in denen die Löslichkeitsverhältnisse einmal in Abhängigkeit vom Druck und zum anderen in Abhängigkeit von der Temperatur betrachtet werden.

Sollen ebene Darstellungen verwendet werden, lassen sich in das Konzentrationsdiagramm die Löslichkeiten für verschiedene Temperaturen oder Drucke eintragen. In der Abb. 3 ist der Einfluß der Temperatur auf die Lagen der Gleichgewichte dargestellt. Ist $T_1 > T_2 > T_3$, so wird mit steigender Temperatur mehr gelöst. Die Festkörper

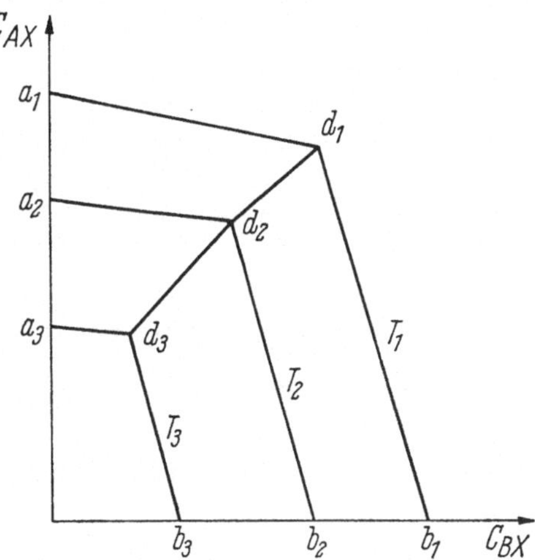

Abb. 3. Die isobare, polytherme Darstellung des Systems AX — BX — H_2O

des Systems haben eine positive Lösungsenthalpie. Im Fall negativer Lösungsenthalpie ist $T_1 < T_2 < T_3$. Die Linie $d_1 - d_2 - d_3$ ist die Löslichkeitskurve der im Gleichgewicht befindlichen Festkörper AX und BX. Liegt kein Dampf vor, stellt die Abb. 3 einen isobaren Schnitt durch ein Raumdiagramm dar. Bei Anwesenheit von Dampf handelt es sich um eine polybare Darstellung.

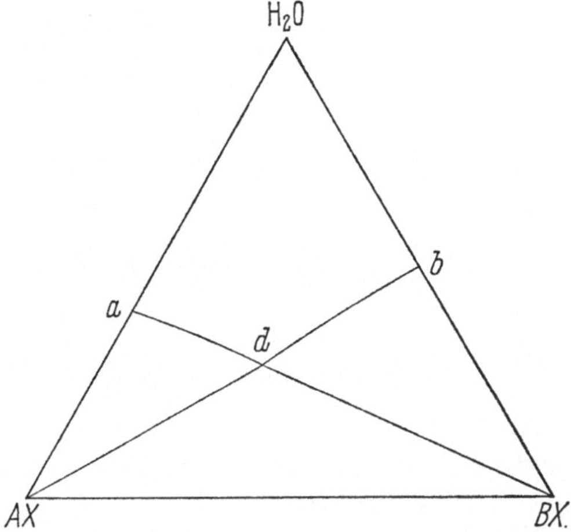

Abb. 4. Isobare und isotherme Darstellung des Systems AX — BX — H_2O durch ein gleichseitiges Dreieck. Je eine Seite wird 100% gleichgesetzt

Werden an Stelle von absoluten Konzentrationen relative Konzentrationsmaße verwendet, kann ein ternäres System isobar und isotherm in einem gleichseitigen Dreieck dargestellt werden. Es gilt $a\,AX + b\,BX + w\,H_2O = 1$ oder 100%. Die Punkte der Abb. 4 haben die gleiche Bedeutung und Bezeichnung wie die der Abb. 2. Auf der Fläche $a-d-b-H_2O$ liegen ungesättigte Lösungen. In den Feldern $AX-a-d$ und $BX-b-d$ befindet sich festes AX bzw. BX mit Lösungen im Gleichgewicht, die an einer Komponente gesättigt sind. $AX-BX-d$ ist der Stabilitätsbereich von $AX+BX$ und der gesättigten Lösung d.

Sollen die Phasenbeziehungen des ternären Systems unter Verwendung der Dreieckdarstellung in Abhängigkeit vom Druck oder von der Temperatur betrachtet werden, kann man eine der Variablen senkrecht über dem Dreieck auftragen. Es entsteht hierdurch ein Prisma, das entweder eine isobare, polytherme oder eine isotherme, polybare Darstellung der Löslichkeitsverhältnisse ist.

3. Systeme mit 4 Komponenten

Ein quaternäres System $AX-BX-CX-H_2O$ ($A^+-B^+-C^+-X^--H_2O$) kann isobar und isotherm unter Verwendung senkrecht aufeinander stehender Raumkoordinaten dargestellt werden (Abb. 5). Auf den Flächen befinden sich quaternäre, je-

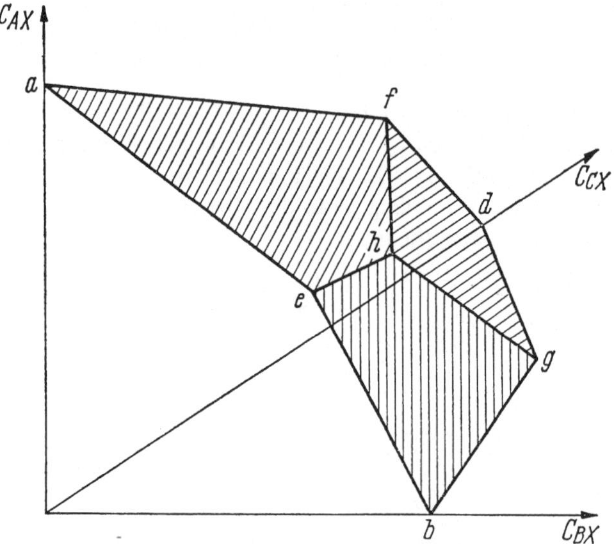

Abb. 5. Die Darstellung des Systems $AX-BX-CX-H_2O$ unter Verwendung absoluter Konzentrationen

weils an einer Komponente gesättigte Lösungen mit den Festkörpern AX (Fläche $a-e-h-f$), BX (Fläche $b-e-h-g$) oder CX (Fläche $d-g-h-f$) im Gleichgewicht. An den Linien sind quaternäre, jeweils an zwei Komponenten gesättigte Lösungen stabil mit $AX+BX$ (Linie $e-h$), $AX+CX$ (Linie $f-h$) und $CX+BX$ (Linie $g-h$). Am Schnittpunkt der Linien stehen alle drei Festkörper mit der gesättigten Lösung h im Gleichgewicht. Im Raum unterhalb der Fläche liegen ungesättigte Lösungen vor. Für verschiedene Drucke oder Temperaturen können verschiedene Flächen in das Diagramm eingetragen werden.

Unter Verwendung relativer Konzentrationen wird das quaternäre System durch ein Tetraeder dargestellt. Die Randsysteme $AX-BX-H_2O$, $BX-CX-H_2O$ und $CX-AX-H_2O$ werden so zusammengefügt, daß sie sich an gemeinsamen Kanten berühren (Abb. 6). Der Punkt, die Linien und die Flächen im Innern des Diagramms haben

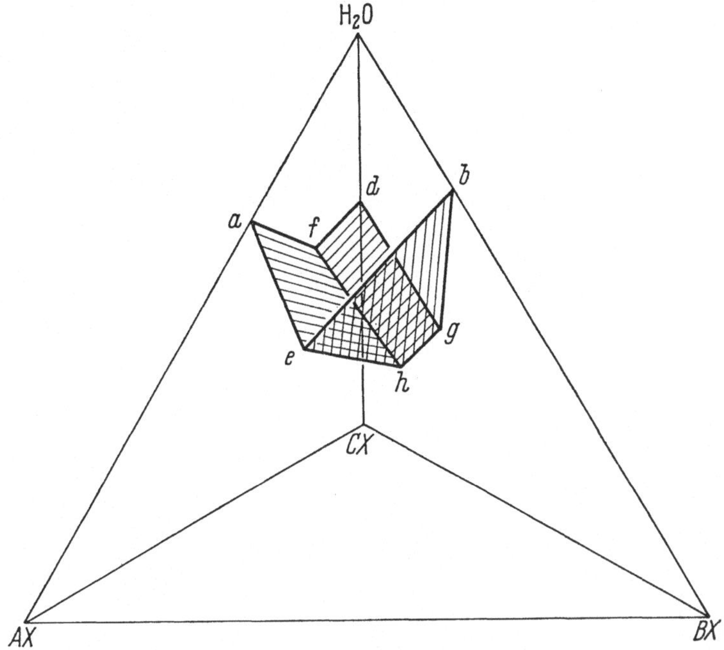

Abb. 6. Die Darstellung des Systems $AX-BX-CX-H_2O$ durch ein Tetraeder. Je eine Kante wird 100% gleichgesetzt

die gleichen Bedeutungen und Bezeichnungen wie in der Abb. 5. Oberhalb der Flächen liegen ungesättigte Lösungen vor. Unterhalb der Sättigungsflächen befinden sich drei Räume, in denen Gleichgewicht zwischen Lösungen und den Festkörpern AX, BX oder CX herrscht (in Abb. 6 nicht eingezeichnet). Außerdem existieren drei Räume, in denen festes $AX+BX$, $AX+CX$ oder $BX+CX$ mit Lösungen stabil ist. Ferner ist ein Raum vorhanden, in dem sich alle drei festen Phasen mit der Lösung h im Gleichgewicht befinden. Die Räume werden ermittelt, indem die Verbindungslinien $e-AX$, $h-AX$, $f-AX$, $f-CX$, $h-CX$, $g-CX$, $g-BX$, $h-BX$ und $e-BX$ gezogen werden.

Soll eine ebene Darstellung verwendet werden, muß man das Raumdiagramm projizieren. Am zweckmäßigsten ist eine Zentralprojektion mit dem darstellenden Punkt des Wassers als Perspektivitätszentrum. Hierdurch wird die Fläche $a-e-b-g-d-f$ auf die Tetraederfläche $AX-BX-CX$ abgebildet (Abb. 7). Die darstellenden Punkte der Festkörper und der gesättigten Lösungen a, b und c fallen zusammen. Mit dieser Darstellung werden also nur die Vorgänge erfaßt, die an der Sättigungsfläche ablaufen. Die Felder, die Linien und der Punkt geben daher nur die Zusammensetzungen von Lösungen an, die mit einem, zwei oder drei Festkörpern im Gleichgewicht stehen. Vorgänge oberhalb und unterhalb der Sättigungsfläche müssen mit Hilfe des Raumdiagramms beschrieben werden.

In dem bisher betrachteten quaternären System hatten die festen Substanzen ein gemeinsames Ion. Liegen in einem Vierstoff-System $AX-BX-AY-BY-H_2O$ $(A^+-B^+-X^--Y^--H_2O)$ je zwei verschiedene Kationen und Anionen vor, kann ein

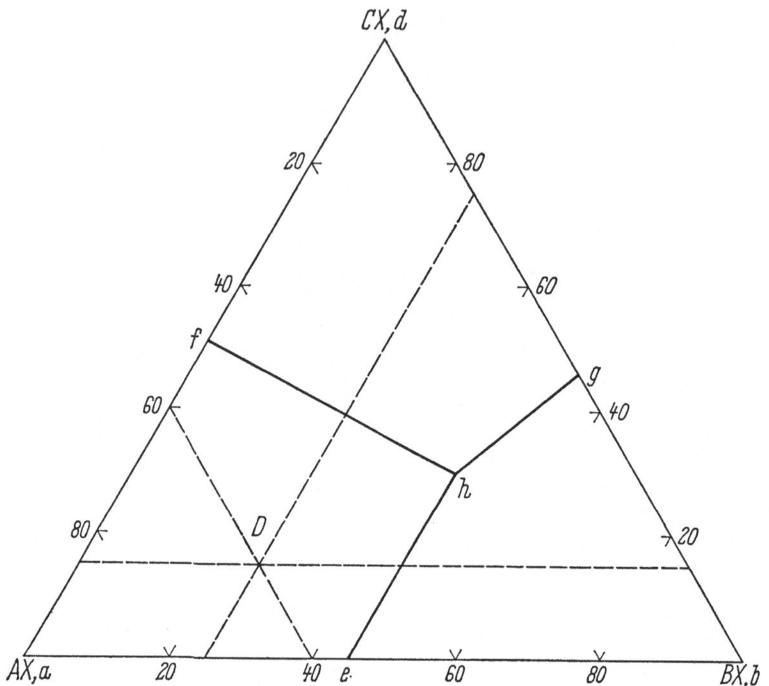

Abb. 7. Zentralprojektion der Tetraederdarstellung eines quaternären Systems

doppelter Umsatz nach dem Schema $AX+BY \rightleftarrows AY+BX$ eintreten. Es mag der Eindruck entstehen, daß die vier Festkörper zusammen mit H_2O ein System mit 5 Komponenten bilden. Es liegt jedoch ein quaternäres System vor, da nur diejenigen Bestandteile als Komponenten aufgefaßt werden dürfen, die unabhängig voneinander von einer in eine andere Phase übergehen. Hiernach sind nur drei Bestandteile Komponenten. Der vierte Bestandteil wird durch die anderen ausgedrückt. Wählt man z. B. AX, AY, BY und H_2O als Komponenten, läßt sich BX nach der Beziehung $BX=AX+BY-AY$ formulieren.

Die Darstellung quaternärer Systeme, in denen ein doppelter Umsatz stattfindet (reziproke Salzpaare), erfolgt am zweckmäßigsten nach der Methode von JÄNECKE (1906, 1911). Diese Methode besitzt den Vorteil, daß auch der Bestandteil des Systems, der durch drei andere ausgedrückt wird, direkt dargestellt werden kann. Die Randsysteme werden so zusammengefügt, daß sie sich an gemeinsamen Kanten berühren. Hierdurch entsteht eine Pyramide mit Flächen aus gleichseitigen Dreiecken und einer quadratischen Basis (Abb. 8). Die Phasenbeziehungen eines reziproken Salzpaares werden im allgemeinen durch vier Flächen wiedergegeben, die in fünf Linien und zwei Punkten zusammenstoßen. Oberhalb der Flächen liegen ungesättigte Lösungen vor. Unterhalb der Flächen treten vier Räume auf, in denen je ein Festkörper mit Lösungen stabil ist (in Abb. 8 nicht eingezeichnet). Ferner existieren fünf Räume, die die Stabilitätsbereiche von je zwei festen Phasen im Gleichgewicht mit Lösungen abgrenzen. Außerdem sind zwei Räume vorhanden, in denen Gleichgewicht zwischen je drei

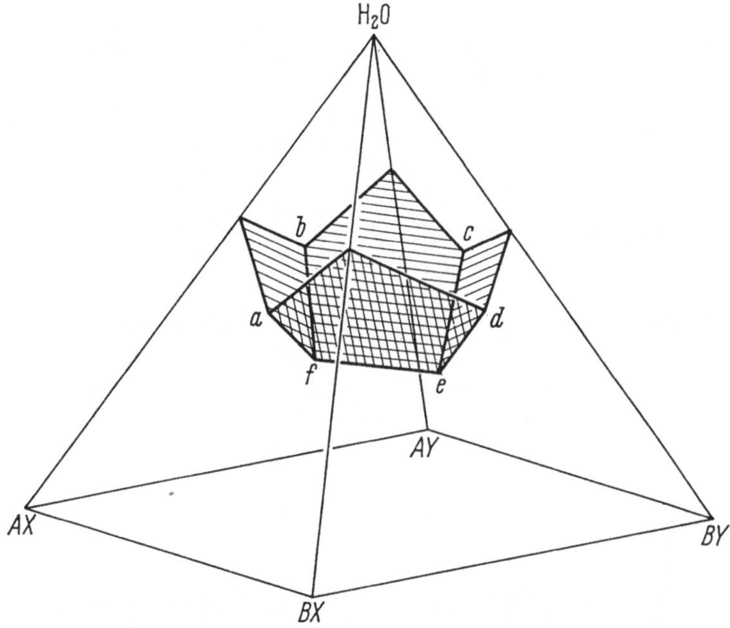

Abb. 8. Die Darstellung reziproker Salzpaare nach JÄNECKE. Je eine der äquidistanten Kanten der Pyramide wird 100% gleichgesetzt

Bodenkörpern und den Lösungen e oder f herrscht. Die Räume ergeben sich indem die darstellenden Punkte der Lösungen mit den darstellenden Punkten der Festkörper durch gerade Linien verbunden werden.

Für eine ebene Darstellung der Stabilitätsverhältnisse wird die Sättigungsfläche mit dem darstellenden Punkt des Wassers als Perspektivitätszentrum auf die Basis der Pyramide projiziert (Abb. 9). Durch die Felder $AX-a-f-b$, $AY-b-f-e-c$, $BY-c-e-d$ und $BX-d-e-f-a$ werden die Zusammensetzungen von Lösungen wiedergegeben, die mit AX, AY, BY oder BX stabil sind. Die Linien $f-a$, $f-b$, $f-e$, $e-c$ und $e-d$ geben die Zusammensetzungen von Lösungen an, die sich mit AX+BX, AX+AY, AY+BX, AY+BY und BY+BX im Gleichgewicht befinden. An den Punkten herrscht Gleichgewicht zwischen den Lösungen e bzw. f und den Festkörpern AY+BY+BX bzw. AX+AY+BX. Aus dem Diagramm geht hervor, daß nur AY und BX, nicht aber AX und BY zusammen stabil sein können. Gibt man daher zu einem äquimolaren Gemenge von festem AX und BY so viel Wasser, daß keine ungesättigte Lösung entsteht, muß ein Umsatz nach dem oben angegebenen Reaktionsschema erfolgen. Hierbei wird festes AY und BX sowie eine Lösung der Zusammensetzung D gebildet.

In der Projektion der Pyramide und des Tetraeders ist H_2O nicht dargestellt. Die Konzentrationen von Lösungen müssen daher rechnerisch ermittelt werden. In der Abb. 7 hat die Lösung D die Koordinaten 60 AX, 25 BX und 15 CX (in Mol-%). Die

Lösung hat eine absolute Konzentration von 52,6 Mole/1000 Mole H_2O oder 31,6 Mole AX + 13,1 Mole BX + 7,9 Mole CX/1000 Mole H_2O.

In der ebenen Darstellung reziproker Salzpaare liegen an der Kante AX − BX 100 Mol-% X^-, an der Kante AY − BY 100 Mol-% Y^-, an der Kante BX − BY

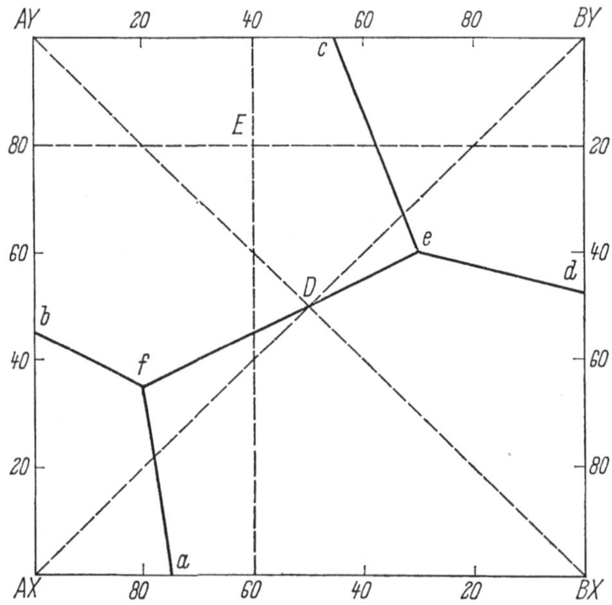

Abb. 9. Zentralprojektion der Sättigungsfläche des reziproken Salzpaares auf die Basis der Pyramide

100 Mol-% B^+ und an der Kante AX − AY 100 Mol-% A^+ vor. Es gilt: $a\,A^+ + b\,B^+ = 100\%$ und $x\,X^- + y\,Y^- = 100\%$. Die Lösung E hat die Koordinaten 20 X^-, 80 Y^-, 40 B^+ und 60 A^+ (in Mol-%). Beträgt die absolute Konzentration der Lösung 60 Mole Ionen/1000 Mole H_2O, resultieren 6 Mole X^- + 24 Mole Y^- + 12 Mole B^+ + 18 Mole A^+ pro 1000 Mole H_2O. Die gelösten Stoffe können auch in elektroneutralen Molekülen formuliert werden. Der darstellende Punkt der Lösung E liegt in den Zusammensetzungsdreiecken AX − AY − BY und AY − BY − BX. Das Mischungsverhältnis der gelösten Stoffe kann daher durch 20 AX, 40 AY und 40 BY (in Mol-%) oder durch 60 AY, 20 BY und 20 BX (in Mol-%) ausgedrückt werden. Es kann also sowohl durch Auflösen von 6 Mol AX, 12 Mol AY und 12 Mol BY als auch durch Lösen von 18 Mol AY, 6 Mol BY und 6 Mol BX in 1000 Mole H_2O ein und dieselbe Lösung hergestellt werden.

Um eine Übersicht der polythermen oder polybaren Verhältnisse zu gewinnen, lassen sich verschiedene Jäneckesche Quadrate in einem Raumdiagramm übereinanderlegen. Soll das System zweidimensional in Abhängigkeit vom Druck oder der Temperatur betrachtet werden, muß man außer der Darstellung des Wassers die Darstellung eines weiteren Bestandteils vernachlässigen. Es soll angenommen werden, daß im quaternären System AX − BX − AY − BY − H_2O für ein bestimmtes Problem nur die Wechselbeziehungen zwischen Lösungen und Festkörpern bei Sättigung an AY von

Bedeutung sind (Linie $b-f-e-c$). Unter diesem Gesichtspunkt ist es nicht nötig, AY darzustellen. Die zu betrachtenden Lösungen und Festkörper werden daher ohne diesen Bestandteil formuliert. Es sind: 100 Mol-% AX = 100 Ionen-% X⁻, 100 Mol-% BY = 100 Ionen-% B⁺ und 100 Mol-% BX = 50 Ionen-% B⁺ + 50 Ionen-% X⁻. Es ergeben sich also zwei Bestandteile, die in 100% äquivalenter Ionen (Anzahl der Ionen in der Formeleinheit des Festkörpers/Ladung der Ionen) ausgedrückt werden können. Diese Manipulation ist gleichbedeutend mit einer Zentralprojektion des Jäneckeschen Quadrats durch den darstellenden Punkt von AY, wobei die Phasengrenze $b-f-e-c$ auf eine Gerade projiziert wird (Abb. 10). Die Phasenbeziehungen des quaternären

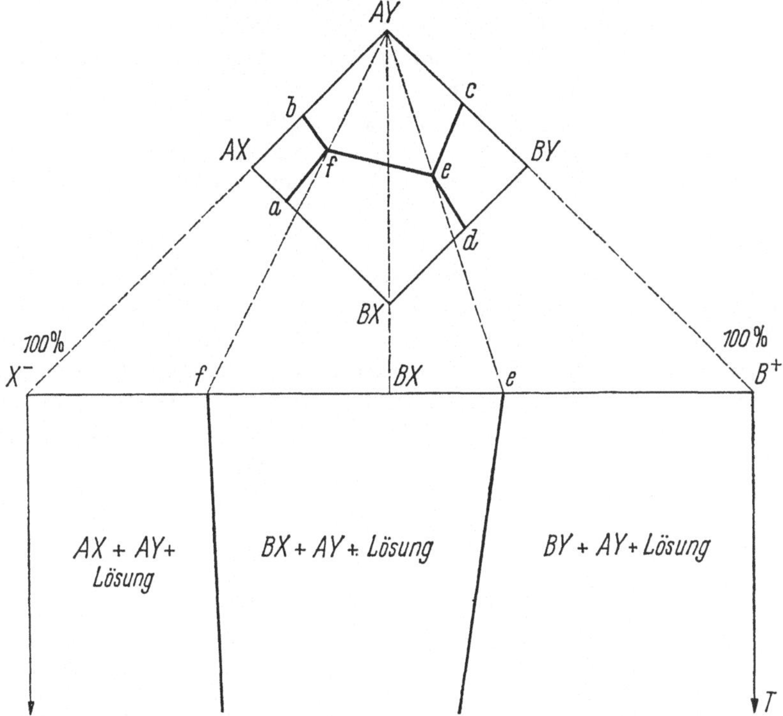

Abb. 10. Darstellung eines reziproken Salzpaares in Abhängigkeit von der Temperatur für den Fall der Sättigung an einem Bestandteil. Die Phasengrenze $b-f-e-c$ entspricht der Linie X⁻ — B⁺

Systems lassen sich also für den Fall der ständigen Sättigung an einem Bestandteil eindimensional darstellen. In einer zweiten Dimension kann die Abhängigkeit der Lagen der Gleichgewichte vom Druck oder der Temperatur aufgetragen werden.

4. Systeme mit 5 Komponenten

Ein quinäres System vom Typ AX — BX — CX — DX — H_2O (A⁺ — B⁺ — C⁺ — D⁺ — X⁻ — H_2O) läßt sich isobar und isotherm unter Verwendung relativer Konzentrationen durch ein Tetraeder beschreiben. Die Projektionen der Randsysteme AX — BX — CX —

H_2O, $AX-CX-DX-H_2O$, $AX-BX-DX-H_2O$ und $BX-CX-DX-H_2O$ werden so zusammengestellt, daß sie sich an gemeinsamen Kanten berühren.

Für die Darstellung quinärer Systeme vom Typ $AX-AY-AZ-BX-BY-BZ-H_2O$ ($A^+-B^+-X^--Y^--Z^--H_2O$), in denen gekoppelte Umsätze auftreten können, werden die quaternären Randsysteme zu einem Prisma zusammengefügt (Abb. 11). H_2O findet in dem Diagramm keine Berücksichtigung. Alle Kanten des Prismas sind gleich lang und je eine Kante wird 100% oder 1 gleichgesetzt. Das quinäre System befindet sich im Innern des Prismas. Die quadratischen Seitenflächen sind Projektionen von quaternären Systemen in der Darstellung reziproker Salzpaare nach JÄNECKE. An den Basisflächen befinden sich Projektionen von quaternären Systemen in der Tetraederdarstellung. Die äquidistanten Kanten stellen die Projektionen von ternären Systemen dar. Die Ecken des Prismas sind die Projektionen von binären Systemen oder die darstellenden Punkte der Festkörper.

Die Zusammensetzungen quinärer Lösungen werden im Prisma ähnlich wie im Jäneckeschen Quadrat ermittelt. Beträgt die Kantenlänge des Prismas 100 Mol-%, liegen an den Basisflächen jeweils 100 Mol-% A^+ und 100 Mol-% B^+ vor. An den vertikal stehenden Kanten befinden sich jeweils 100 Mol-% X^-, 100 Mol-% Y^- und 100 Mol-% Z^-. Es gilt: $a\,A^+ + b\,B^+ = 100$ und $x\,X^- + y\,Y^- + z\,Z^- = 100$. Mit einer Gesamtkonzentration von U Mole Ionen/1000 Mole H_2O lautet die nach den einzelnen Ionen aufgeschlüsselte Konzentrationsangabe $1/2 \cdot 10^{-2}\,U\,(a\,A^+ + b\,B^+ + x\,X^- + y\,Y^- + z\,Z^-)$ Mole Ionen/1000 Mole H_2O. Die gelösten Stoffe lassen sich auch durch elektroneutrale Moleküle ausdrücken. Hierfür müssen lediglich die Verhältnisse in der Darstellung reziproker Salzpaare auf den dreidimensionalen Fall übertragen werden. Aus den Zusammensetzungsdreiecken des Quadrats werden Zusammensetzungspolyeder.

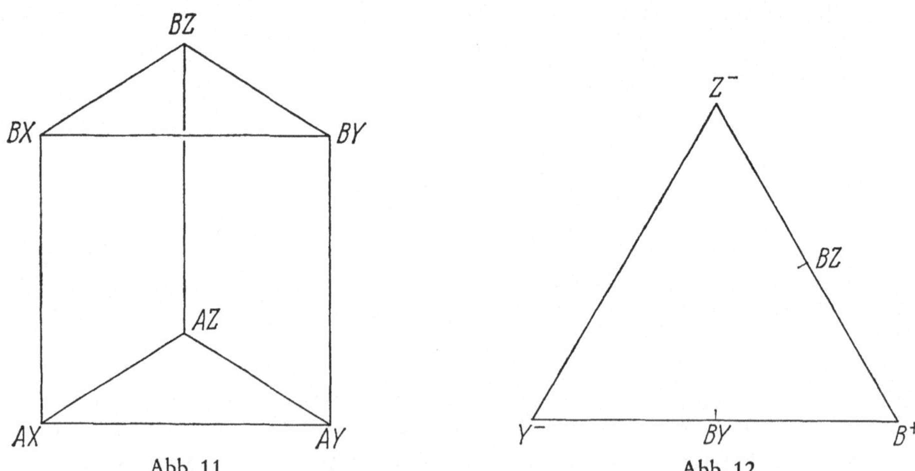

Abb. 11. Die Darstellung eines quinären Systems vom Typ $A^+-B^+-X^--Y^--Z^--H_2O$ durch ein gleichseitiges Prisma. Kantenlänge des Prismas: 100%

Abb. 12. Darstellung eines quinären Systems vom Typ $A^+-B^+-X^--Y^--Z^--H_2O$ für den Fall der Sättigung an AX

Das quinäre System der Abb. 11 kann auch in einer Ebene dargestellt werden, wenn es für den Fall der Sättigung an einem Bestandteil betrachtet wird. Sollen die Phasenbeziehungen in Gegenwart von festem AX beschrieben werden, ergibt die

Formulierung in äquivalenten Ionen: 100 Mol-% $AY = 100$ Ionen-% Y^-, 100 AZ $= 100$ Z^-, 100 BX $= 100$ B^+, 100 BY $= 50$ $B^+ + 50$ Y^- und 100 BZ $= 50$ $B^+ + 50$ Z^-. Man erhält drei Bestandteile, die in 100% der zu betrachtenden Ionen ausgedrückt sind. Die Vorgänge bei Sättigung an AX lassen sich also zweidimensional in einem Dreieck darstellen (Abb. 12). Das bekannteste Beispiel einer solchen Darstellung ist das System der Salze des Meerwassers Na^+, K^+, Mg^{2+}, SO_4^{2-}, Cl^-, H_2O, das bei Sättigung an NaCl sowie unter Vernachlässigung des Ca^{2+} und der Spurenelemente in Prozenten äquivalenter Ionen von K_2^{2+}, Mg^{2+} und SO_4^{2-} formuliert wird.

5. Systeme mit 6 Komponenten

Ein senäres System ist für das Gleichgewicht zwischen einem Festkörper und Lösung in Gegenwart oder Abwesenheit von Dampf 5- bzw. 6-fach variant. Für eine umfassende Übersicht der Phasenbeziehungen unter isothermen und isobaren Verhältnissen sind also vier Dimensionen erforderlich. Das System kann daher grundsätzlich nur für den Fall der Sättigung an einem Bestandteil dargestellt werden, da hierbei eine der vier Variablen nicht angegeben wird. Für den Fall der Sättigung ergeben sich vier Bestandteile, die in 100% äquivalenter Ionen formuliert werden können und deren darstellende Punkte an den Ecken eines Tetraeders liegen (s. den folgenden Abschnitt).

III. Die Darstellung der Systeme der Ca-Mg-Karbonate, -Sulfate und -Chloride

1. Tetraedermodell

Das System $Na_2^{2+} - Ca^{2+} - Mg^{2+} - CO_3^{2-} - SO_4^{2-} - Cl_2^{2-} - H_2O$ ist ein senäres System. Es wird am zweckmäßigsten bei Sättigung an NaCl dargestellt, da so die beste Übersicht der Lösungsgleichgewichte der Ca–Mg-Karbonate, -Sulfate und -Chloride gewonnen wird. Zur Darstellung im Tetraeder müssen alle möglichen Verbindungen aus den Ionen des Systems in Prozenten äquivalenter Ionen ausgedrückt werden. Na^+, Cl^- und H_2O finden hierbei keine Berücksichtigung (Tab. 1). Die darstellenden Punkte wasserfreier und wasserhaltiger Verbindungen fallen daher zusammen (z. B. Thenardit und Mirabilit). Auf diese Weise können vier Substanzen in 100% formuliert werden. Ihre darstellenden Punkte liegen an den Ecken eines Tetraeders.

Das NaCl-gesättigte senäre System (Abb. 13) wird durch die Fläche $CaCO_3 - CaSO_4 - MgCO_3 - MgSO_4$ ($4 - 5 - 7 - 8$) in zwei Räume zerlegt. Im Raum $3 - 4 - 5 - 6 - 7 - 8$ treten Ca–Mg-Karbonate, -Sulfate und -Chloride auf. Die weiteren Bodenkörper des Systems sind auf den Raum $1 - 2 - 4 - 5 - 7 - 8$ beschränkt. Für die Behandlung der Lösungsgleichgewichte der gesteinsbildenden Karbonate und Sulfate genügt es, wenn die Vorgänge im Raum $3 - 4 - 5 - 6 - 7 - 8$ verfolgt werden, da die Zusammensetzungen der meisten natürlichen Lösungen in diesem Teil des Systems liegen. Vorgänge im Raum $1 - 2 - 4 - 5 - 7 - 8$ sind nur für den speziellen Fall der Karbonat- und Sulfatentstehung in Na^+-, SO_4^{2-}-, Cl^-- und HCO_3^--reichen terrestren

Gewässern (z. B. Sodaseen) maßgebend. Dieser Teil des Systems hat daher geologisch eine untergeordnete Bedeutung.

Tabelle 1. *Formulierung der wichtigsten Festkörper des senären Systems* $Na_2^{2+}-Ca^{2+}-Mg^{2+}-CO_3^{2-}-Cl_2^{2-}-SO_4^{2-}-H_2O$ *zur Darstellung im Tetraeder bei Sättigung an* NaCl

Punkt in Abb. 13	Mineral	Formel H₂O-frei	Prozente äquivalenter Ionen			
			Ca^{2+}	Mg^{2+}	CO_3^{2-}	SO_4^{2-}
1	Thenardit, Mirabilit	Na_2SO_4				100
2	Natrit	Na_2CO_3			100	
3		$CaCl_2$	100			
4	Calcit, Aragonit	$CaCO_3$	50		50	
5	Anhydrit, Gips	$CaSO_4$	50			50
6	Bischofit	$MgCl_2$		100		
7	Magnesit, Nesquehonit, Lansfordit	$MgCO_3$		50	50	
8	Epsomit, Hexahydrit, Kieserit	$MgSO_4$		50		50
9	Dolomit	$\frac{1}{2}\,(CaCO_3\cdot MgCO_3)$	25	25	50	

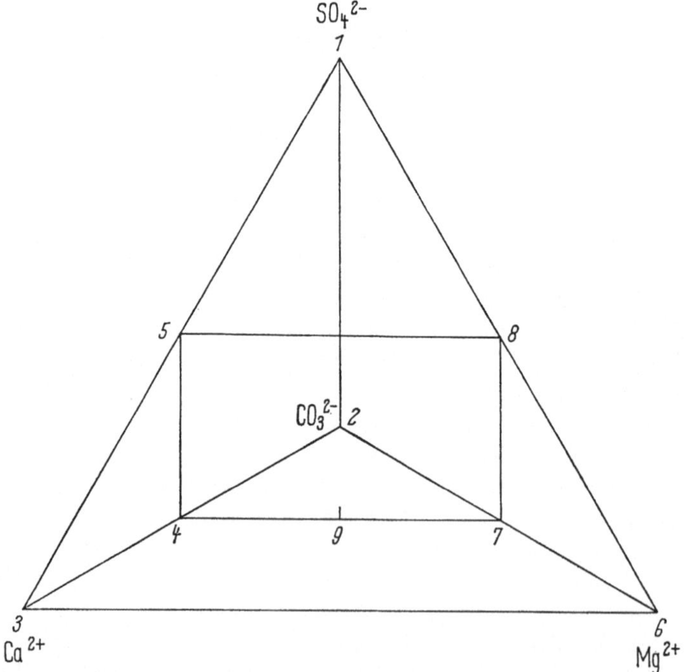

Abb. 13. Die Darstellung des Systems $Na_2^{2+}-Ca^{2+}-Mg^{2+}-CO_3^{2-}-SO_4^{2-}-Cl_2^{2-}-H_2O$ bei Sättigung an NaCl. Kantenlänge des Tetraeders: 100 Ionenprozente. 1: Na_2SO_4, 2: Na_2CO_3, 3: $CaCl_2$, 4: $CaCO_3$, 5: $CaSO_4$, 6: $MgCl_2$, 7: $MgCO_3$, 8: $MgSO_4$, 9: $^1/_2CaMg(CO_3)_2$

2. Prismamodell

Die geologisch wichtigen Wechselbeziehungen zwischen Ca—Mg-Karbonaten, -Sulfaten, -Chloriden und Lösungen lassen sich also an senären Systemen erörtern, die zwischen dem Raum $3-4-5-6-7-8$ des NaCl-gesättigten senären Systems $Na_2^{2+}-Ca^{2+}-Mg^{2+}-CO_3^{2-}-SO_4^{2-}-Cl_2^{2-}-H_2O$ und dem quinären System $Ca^{2+}-Mg^{2+}-CO_3^{2-}-SO_4^{2-}-Cl_2^{2-}-H_2O$ liegen. Die Darstellung des quinären

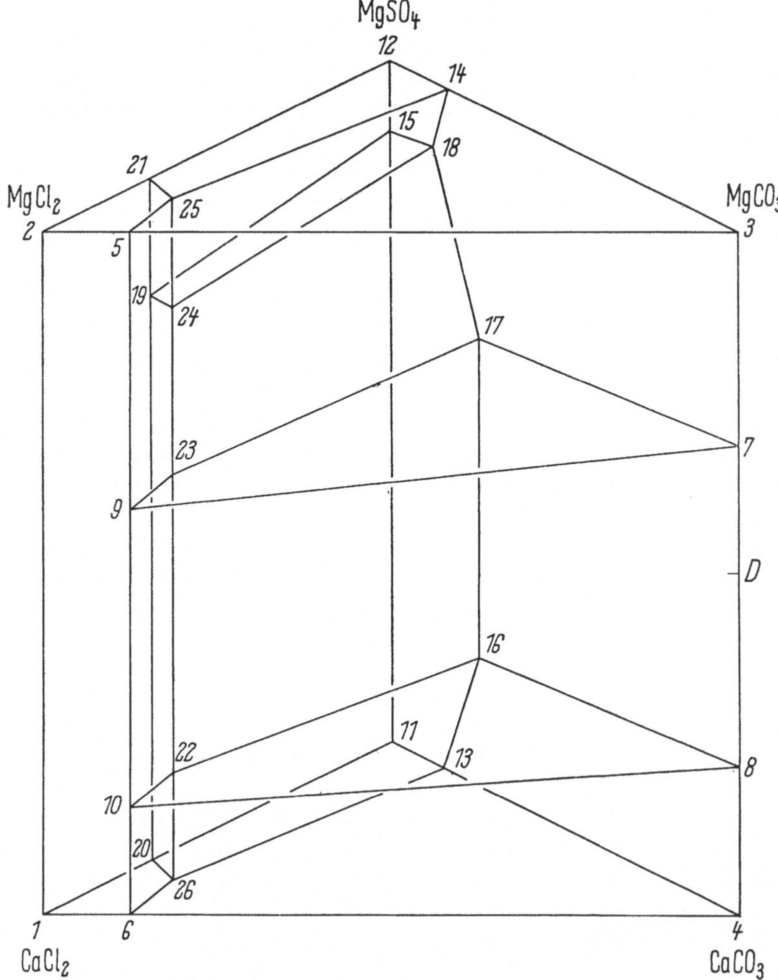

Abb. 14. Schematische Darstellung der Phasenbeziehungen im quinären System $Ca^{2+}-Mg^{2+}-CO_3^{2-}-SO_4^{2-}-Cl_2^{2-}-H_2O$ durch ein gleichseitiges Prisma. Der Stabilitätsbereich der Ca—Mg-Chloride ist vergrößert abgebildet. Er liegt dicht an der Kante 1—2. Auch der Stabilitätsraum der $MgSO_4$-Hydrate ist vergrößert dargestellt. D: Dolomit. Punkt 11: $CaSO_4$. Kantenlänge des Prismas: 100 Mol-%. Die Darstellung ist gleichzeitig eine Wiedergabe der Phasenbeziehungen im Raum $3-4-5-6-7-8$ des senären Systems $Na_2^{2+}-Ca^{2+}-Mg^{2+}-CO_3^{2-}-SO_4^{2-}-Cl_2^{2-}-H_2O$. Im Fall der Sättigung an NaCl ist zu jeder festen Phase Halit als weiterer Bodenkörper hinzuzuzählen

Systems erfolgt durch ein gleichseitiges Prisma mit den Ecken $CaCl_2$, $CaCO_3$, $CaSO_4$, $MgCl_2$, $MgCO_3$ und $MgSO_4$ (Abb. 14). Das Prisma kann mit dem Raum 3 — 4 — 5 — 6 — 7 — 8 des senären Systems verglichen werden, da sich an den Ecken beider Polyeder die gleichen darstellenden Punkte befinden. Erhalten alle Kanten des Raums 3 — 4 — 5 — 6 — 7 — 8 die gleiche Länge, resultiert ebenfalls ein Prisma. Werden ferner die Kanten beider Darstellungen 100 Mol-% gleichgesetzt, lassen sich die Vorgänge im quinären System und im Raum 3 — 4 — 5 — 6 — 7 — 8 des NaCl-gesättigten senären Systems unmittelbar miteinander vergleichen. Der Unterschied zwischen dem senären Teilsystem und dem quinären System besteht nur darin, daß im ersten Fall zu jeder festen Phase NaCl als weiterer Bodenkörper hinzugezählt werden muß, und daß in den Lösungen NaCl bis zur Sättigungskonzentration enthalten ist.

Durch das Prisma werden die Zusammensetzungen von Lösungen wiedergegeben, die in Gegenwart von Dampf mit Festkörpern im Gleichgewicht stehen. Im quinären System liegen Lösungen, die mit einem Festkörper stabil sind, in einem Raum (3 Konzentrationsvariable als Freiheitsgrade). Lösungen, die mit zwei Bodenkörpern im Gleichgewicht sind, befinden sich auf einer Fläche (2 Konzentrationsvariable). Mit drei festen Phasen im Gleichgewicht befindliche Lösungen liegen auf einer Linie (1 Konzentrationsvariable). Bei Sättigung an NaCl bleibt die jeweilige Anzahl der Freiheitsgrade und damit auch die Zahl der frei verfügbaren Mischungsverhältnisse der Komponenten erhalten. In den Projektionen der NaCl-gesättigten quinären oder NaCl-freien quaternären Systeme an den Seiten- und Basisflächen des Prismas stellen Flächen, Linien und Punkte Lösungen dar, die mit einem, zwei oder drei Festkörpern stabil sind. An den äquidistanten Kanten des Prismas werden die Lösungszusammensetzungen der NaCl-gesättigten quaternären bzw. der NaCl-freien ternären Systeme wiedergegeben. Die durch die Ecken dargestellten Punkte sind den Löslichkeiten der hier angegebenen Phasen in NaCl-gesättigten ternären bzw. NaCl-freien binären Systemen äquivalent. Die NaCl-Konzentration ist im Fall der Sättigung an den verschiedenen Punkten des Systems nicht gleich. Sie muß durch Zahlenangaben oder gesondert dargestellt werden.

IV. Untersuchungsverfahren

Ein System ist dann isobar und isotherm im wesentlichen festgelegt, wenn die invarianten Punkte des Systems bestimmt sind. Die Verbindungslinien von invarianten Punkten sind im allgemeinen gekrümmt. Wenn nicht für spezielle Fragen die Spur der Linien unbedingt verfolgt werden muß, kann von derartigen Bestimmungen abgesehen werden. Es ist viel wichtiger, in einem System die Lage der Gleichgewichte niedrigster Varianz in Abhängigkeit von der Temperatur und vom Druck zu untersuchen. Die Bearbeitung der vorliegenden Systeme beschränkt sich daher auf diese Bestimmungen. Gleichgewichte höherer Varianz müssen durch Interpolationen gewonnen werden. Die hieraus resultierenden Abweichungen sind für petrologische Interpretationen belanglos.

Zur Bestimmung der noch nicht bekannten Daten der Systeme wurden bei NaCl-Freiheit und -Sättigung Löslichkeitsbestimmungen und Reaktionen zwischen Festkörpern und Lösungen durchgeführt. Die Untersuchungen erfolgten in dem für die

Diagenese der Sedimente wichtigen Temperaturbereich zwischen 50 ° und 180 °C. Als Reaktionsgefäße dienten zugeschmolzene Bombenrohre aus Pyrex-Glas mit etwa 50 ml Rauminhalt. Zur besseren und schnelleren Gleichgewichtseinstellung wurden die Rohre bei der jeweiligen Versuchstemperatur geschüttelt. In der Abb. 15 ist die Versuchs-

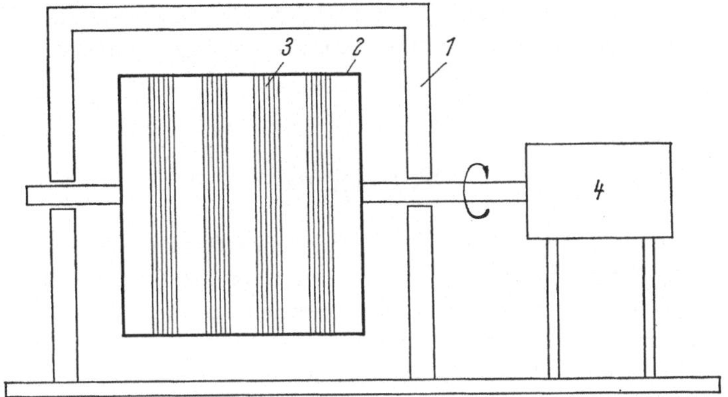

Abb. 15. Versuchsanordnung. 1: Ofen, 2: drehbare Halterung für Bombenrohre, 3: Bombenrohre in Schutzhülsen, 4: Motor

anordnung schematisch dargestellt. Die Temperatur konnte auf ± 2 °C konstant gehalten werden. Der Druck ließ sich nicht unabhängig von der Temperatur variieren. Die bei den verschiedenen Temperaturen auftretenden Drucke sind die Sättigungsdrucke der Lösungen. Sie entsprechen etwa den jeweiligen Sättigungsdrucken von Wasser.

Die Versuchszeiten betrugen je nach der Temperatur bei Löslichkeitsbestimmungen 6—18 Tage, bei Reaktionen bis zu 30 Tagen. Zur Kontrolle der Gleichgewichtseinstellung wurden Versuche mit verschiedenen Laufzeiten angesetzt. Die Reproduzierbarkeit von Parallelversuchen betrug in den ungünstigsten Fällen ± 2 Mol-% in der Zusammensetzung der Gleichgewichtslösung. Nach Beendigung der Versuche wurden die Bodenkörper röntgenographisch untersucht (Zählrohrgoniometer) und die Zusammensetzungen der Lösungen chemisch-analytisch ermittelt. Spezifische Angaben über die Bestimmungen der einzelnen Gleichgewichte sind in der Beschreibung der Systeme enthalten.

Die isotherme Untersuchung eines Lösungsgleichgewichts erfordert auch eine isotherme Entnahme der Lösungen. Mit der verwendeten Versuchsanordnung war dies nicht möglich. Die Lösungen wurden unmittelbar nach dem Abkühlen der Bomben (etwa 10 Min. unter Verwendung eines Ventilators bei 180 °C) vom Bodenkörper getrennt und für den Analysengang präpariert. Es konnte beobachtet werden, daß sich hierbei keine Festkörper aus den Lösungen abschieden. Die Lösungszusammensetzungen blieben aufgrund der negativen Lösungsenthalpien und der Trägheit, mit der sich die Karbonat- und Sulfatgleichgewichte einstellen, beim schnellen Abkühlen erhalten.

In den Lösungen wurden Ca und Mg chelatometrisch nach einer etwas modifizierten Arbeitsvorschrift von GEHRKE, LEE und AFFSPRUNG (1954) und nach einem von der Fa. MERCK angegebenen Verfahren bestimmt. Die erste Methode fand bei Lösungen größerer Konzentrationen, die zweite bei Lösungen kleiner Erdalkali-Gehalte Anwendung. Karbonat und Chlorid wurden maßanalytisch durch Titration mit HCl bzw. $AgNO_3$ erfaßt. Sulfat wurde gravimetrisch als $BaSO_4$ bestimmt. In den NaCl-gesättigten Systemen wurde der NaCl-Gehalt der Lösungen nicht ermittelt, sondern den bereits bekannten Konzentrationen der ternären und quaternären Systeme an den Ecken und Kanten des Prismas gleichgesetzt. Die NaCl-Konzentrationen in den komplexeren Systemen dürften sich nur unwesentlich von den Gehalten in den Randsystemen unterscheiden.

V. Systeme

Unter den im folgenden Abschnitt beschriebenen Systemen befinden sich neben denen, die vom Autor dieser Monographie mit etwa 700 Experimenten untersucht wurden, auch einige Systeme, die der Literatur entnommen worden sind. Obwohl hier keine oder nur ergänzende Untersuchungen durchgeführt wurden, sind sie doch kurz erläutert worden, weil sie zum Verständnis des quinären und senären Systems benötigt werden. Es soll hierdurch ferner vermieden werden, daß die Monographie nur im Zusammenhang mit einer umfangreichen Literatur zu lesen ist. Eine Zusammenstellung der Gleichgewichtsdaten von den wichtigsten der hier behandelten Systeme befindet sich am Schluß. Bei Literaturangaben wurde nicht nur auf Originalarbeiten, sondern auch auf die Publikationen verwiesen, die die besten und umfangreichsten Angaben von Daten enthalten.

1. Systeme ohne Karbonate

a) $CaCl_2$—H_2O

Oberhalb von 260 °C ist die wasserfreie Verbindung $CaCl_2$ stabil. Unterhalb dieser Temperatur treten als stabile Phasen Hydrate mit 1, 2, 4 und 6 H_2O auf. Der Zusatz von NaCl verändert die Stabilitätsverhältnisse nur unwesentlich. Die Löslichkeit von NaCl in gesättigten $CaCl_2$-Lösungen ist klein. Sie liegt im Bereich von 25° bis ~100 °C in der Größenordnung von 1 Mol/1000 Mole H_2O (D'ANS, 1933).

b) $MgCl_2$—H_2O

In diesem System tritt ebenfalls bei höheren Temperaturen das wasserfreie Salz $MgCl_2$ auf. Von den stabilen Hydraten mit 1, 2, 4, 6, 8 und 12 H_2O ist der in den Salzlagerstätten vorkommende Bischofit ($MgCl_2 \cdot 6\,H_2O$) am wichtigsten. Für die Gegenwart von NaCl gelten die gleichen Bemerkungen wie für das System $CaCl_2 - H_2O$ (D'ANS, 1933).

c) $CaCl_2$—$MgCl_2$—H_2O

Außer den Bodenkörpern der Randsysteme tritt Tachhydrit ($CaMg_2Cl_6 \cdot 12\,H_2O$), ein ebenfalls in Salzlagerstätten vorkommendes Mineral, auf. Das Stabilitätsfeld von Tachhydrit liegt zwischen 22 ° und 160 °C. Das Mineral löst sich inkongruent. Die Gleichgewichte zwischen Tachhydrit und $CaCl_2$-Hydraten bzw. $MgCl_2$-Hydraten befinden sich auf der Ca-reichen Seite des Systems.

In Gegenwart von NaCl liegen keine Bestimmungen vor. Sehr wahrscheinlich herrschen auch hier die gleichen Verhältnisse wie in den Randsystemen (D'ANS, 1933).

d) $MgSO_4$—H_2O

Stabile Bodenkörper sind Kieserit ($MgSO_4 \cdot H_2O$), Hexahydrit ($MgSO_4 \cdot 6\,H_2O$), Epsomit ($MgSO_4 \cdot 7\,H_2O$) und $MgSO_4 \cdot 12\,H_2O$. Metastabil sind Leonhardtit ($MgSO_4 \cdot 4\,H_2O$) und Pentahydrit ($MgSO_4 \cdot 5\,H_2O$). Von den stabilen Salzen haben das 12-Hydrat, Epsomit und Hexahydrit einen positiven, Kieserit einen negativen Temperaturkoeffizienten der Löslichkeit (D'ANS, 1933).

$MgSO_4$ bildet zusammen mit NaCl das reziproke Salzpaar $MgSO_4 + Na_2Cl_2 \rightleftarrows MgCl_2 + Na_2SO_4$. Das System ist in neuerer Zeit von AUTENRIETH und BRAUNE (1960 a, b) für den Fall der NaCl-Sättigung untersucht worden. Außer den Bodenkörpern des Systems $MgSO_4 - H_2O$ treten hier ferner Mirabilit ($Na_2SO_4 \cdot 10\,H_2O$), Thenardit (Na_2SO_4), Blödit (Astrakanit) ($Na_2Mg(SO_4)_2 \cdot 4\,H_2O$), Löweit ($Na_{12}Mg_7(SO_4)_{13} \cdot 15\,H_2O$), Vanthoffit ($Na_6Mg(SO_4)_4$) und D'Ansit ($Na_{21}MgCl_3(SO_4)_{10}$) auf, die mit Ausnahme des Löweits auch im ternären System $MgSO_4 - NaCl - H_2O$ vorkommen.

e) $CaSO_4$—H_2O

Über das System $CaSO_4 - H_2O$ liegen eine ganze Reihe von Untersuchungen vor. Zusammenfassend wurde es von BRAITSCH (1962) behandelt. Als Bodenkörper treten Anhydrit ($CaSO_4$), Gips ($CaSO_4 \cdot 2\,H_2O$), Bassanit ($CaSO_4 \cdot \frac{1}{2}\,H_2O$) und $\gamma CaSO_4$ (löslicher Anhydrit) auf. In der Abb. 16 ist die Löslichkeitskurve von Anhydrit nach Daten von D'ANS u. Mitarb. (1955), DICKSON u. Mitarb. (1963) und KELLEY u. Mitarb. (1941) wiedergegeben. Weitere Löslichkeitsangaben für höhere Drucke als die Sättigungsdrucke finden sich bei DICKSON u. Mitarb.

Anhydrit hat einen negativen Temperaturkoeffizienten der Löslichkeit. Unter isothermen Bedingungen erhöht sich die Löslichkeit mit steigendem Druck. Der Umwandlungspunkt von Gips in Anhydrit liegt unter dem Sättigungsdruck der Lösung bei 42 °C. Durch hydrostatischen (allseitigen) Druck wird die Umwandlungstemperatur leicht erhöht. Es soll an dieser Stelle noch einmal hervorgehoben werden, daß der Umwandlungspunkt von Gips in Anhydrit aus den Schnittpunkten der Löslichkeitskurven und den metastabilen Verlängerungen der Kurven ermittelt wurde. Es ist trotz vieler Bemühungen noch nicht gelungen, am Umwandlungspunkt die Reaktion $CaSO_4 \cdot 2\,H_2O \rightleftarrows CaSO_4 + 2\,H_2O$ reversibel oder in der Richtung von links nach rechts durchzuführen. Ferner ist es auch noch nicht gelungen, Anhydrit in seinem Stabilitätsfeld in der Nähe des Umwandlungspunktes aus Lösungen herzustellen. Bei allen Versuchen wurde stets Gips oder Bassanit erhalten. Das metastabile Auftreten von hydratisiertem $CaSO_4$ findet man nicht nur im reinen System $CaSO_4 - H_2O$, sondern auch in Gegenwart von Lösungsgenossen. Es wird von manchen Autoren (s. BRAITSCH, 1962) auf eine unterschiedliche Keimbildungsarbeit zurückgeführt, die für Anhydrit wesentlich größer ist als für Gips.

Ein Umstand, der bei der Anhydritbildung eine Rolle spielt und auf den bislang noch nicht hingewiesen wurde, ist die Hydratation der in Lösung befindlichen Ionen. Einen qualitativen Überblick geben Experimente (Tab. 2), in denen versucht wurde, bei verschiedenen Temperaturen im Stabilitätsfeld des Anhydrits Gips in Gegenwart von H_2O, gesättigter NaCl-Lösung und gesättigter $MgCl_2$-Lösung in Anhydrit um-

zuwandeln. Die Versuche wurden in geschlossenen Bombenrohren aus Glas unter dem
Dampfdruck des jeweiligen Systems durchgeführt. Während des Versuchs wurden die
Bomben nicht bewegt. Die Experimente zeigen, daß sich im System $CaSO_4 - H_2O$ der

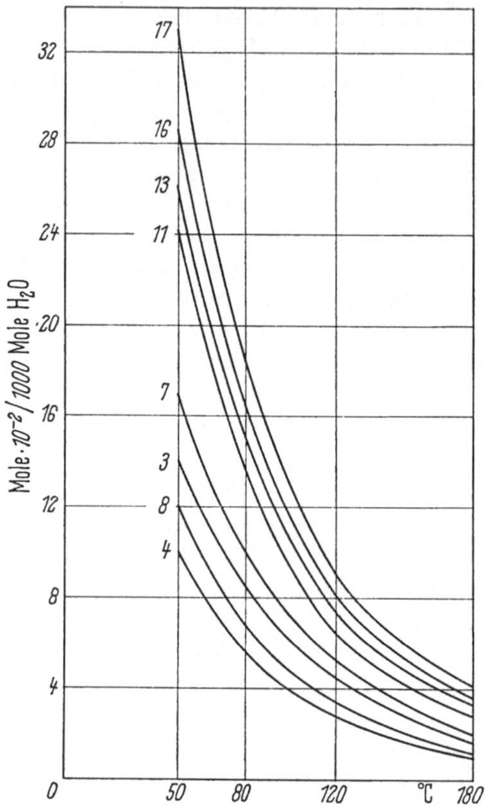

Abb. 16. Löslichkeiten einiger Festkörper des Systems $Ca^{2+} - Mg^{2+} - CO_3^{2-} - SO_4^{2-} - H_2O$
in Gegenwart von CO_2 unter Drucken, die annähernd den Sättigungsdrucken von H_2O entsprechen (50 °C: ~1 Atm., 180 °C: ~10 Atm.). 3: Magnesit, 4: Calcit, 7: Dolomit+Magnesit,
8: Dolomit+Calcit, 11: Anhydrit, 13: Calcit+Anhydrit, 16: Calcit+Anhydrit+Dolomit,
17: Magnesit+Anhydrit+Dolomit

Gips bereits nach 6 Tagen bei 180 °C vollständig in Anhydrit umgewandelt hat. Bei
120 °C erfolgt keine Reaktion. Wird statt Gips ein Gemenge aus Gips und Anhydrit
als Ausgangsmaterial verwendet, findet die Anhydritbildung auch noch bei 100 °C
statt. Im System $CaSO_4 - NaCl - H_2O$ sind in Gegenwart von Halit 100 °C die niedrigste Temperatur, bei der ohne Verwendung von Keimen Anhydrit erhalten werden
kann. Bei 90 ° und 80 °C bildet sich aus Gips Bassanit. Jedoch schon bei 60 °C liegt
der Gips nach Ablauf der Versuche in unveränderter Form vor. Fügt man Keime
hinzu, ist eine Umwandlung noch bei 60 °C zu beobachten. Im System $CaSO_4 -$
$MgCl_2 - H_2O$ gelingt die Umwandlung unter Verwendung von Keimen ebenfalls nur
bis 60 °C. Bemerkenswert ist jedoch, daß in diesem System in Abwesenheit von Keimen bei 80 °C neben Bassanit auch Anhydrit erhalten wurde.

Diese Versuche zeigen, daß die Umwandlung von Gips in Anhydrit im Stabilitätsfeld des Anhydrits durch Keime und durch Lösungsgenossen begünstigt wird. Die Gegenwart von Keimen macht sich in einer Erniedrigung der Keimbildungsarbeit bemerkbar. Eine weitere Erniedrigung erfolgt durch die Lösungsgenossen, die eine stärkere Tendenz zum Aufbau einer Hydrathülle haben als Ca^{2+} und SO_4^{2-}. Hierdurch sind wesentlich mehr nicht oder wenig stark hydratisierte Calcium- und Sulfat-Ionen in der Lösung, so daß die Wahrscheinlichkeit des Zusammenstoßes von Ionen, die geeignet sind, die Anhydritstruktur aufzubauen, wesentlich erhöht wird. Besonders augenfällig wird der Einfluß der Lösungsgenossen bei Versuchen der 80°-Isotherme ohne Verwendung von Keimen. Im System $CaSO_4 - H_2O$ tritt keine Veränderung des Bodenkörpers ein. In einer gesättigten NaCl-Lösung entsteht aus Gips Bassanit, während im System $CaSO_4 - MgCl_2 - H_2O$ in Gegenwart des noch stärker hydratisierten Mg-Ions aus Gips auch Anhydrit gebildet wird.

Tabelle 2. *Experimente zur Umwandlung von Gips in Anhydrit*

Bodenkörper vor dem Versuch	Lösung		Bodenkörper nach dem Versuch						
		Versuchszeit (Tage)	6 u. 12	6	6	6	6 u. 12	6, 12 u. 24	30
		Temperatur (°C)	180	120	100	90	80	60	45
Gips	H_2O		A	G	G	G	G	G	G
Gips + Anhydrit			A	A	A	G+A	G+A	G+A	G+A
Gips	NaCl-Lösung,		A	A	A	Ba	Ba+G	G	G
Gips + Anhydrit	gesättigt T		A	A	A	A	A	A	G+A
Gips	MgCl₂-Lösung,						A+Ba+G	G	G
Gips + Anhydrit	gesättigt 25°						A	A	G+A

A: *Anhydrit*, Ba: *Bassanit*, G: *Gips*

f) $CaSO_4$—$NaCl$—H_2O

Das System ist bis 70 °C von D'Ans u. Mitarb. (1955) und Zen (1965) untersucht worden. Als neuer Bodenkörper tritt Halit auf. Glauberit ($Na_2Ca(SO_4)_2$), der in diesem System möglich wäre, tritt nur im quaternären System $CaSO_4 + Na_2Cl_2 \rightleftarrows CaCl_2 + Na_2SO_4$ auf, wo er vermutlich bei höheren Na_2SO_4-Konzentrationen stabil ist. Die Umwandlungspunkte von Gips in Anhydrit sind bei verschiedenen NaCl-Gehalten von D'Ans u. Mitarb. (1955) bestimmt worden.

Die Isothermen des Systems $CaSO_4 - NaCl - H_2O$ zeigen für $CaSO_4$ in Abhängigkeit vom NaCl-Gehalt ein Löslichkeitsmaximum. Über die Berechnung des Verlaufs der isothermen Löslichkeitskurve unter Verwendung der Parabelgleichung hat D'Ans (1965) berichtet. Im Anschluß an die Arbeiten von D'Ans und Zen wurde die Löslichkeit von Anhydrit für den Fall der NaCl-Sättigung bis zu 180 °C verfolgt (Abb. 17). Für diese Löslichkeitsbestimmungen wurde Anhydrit mit einer Korngröße von $>$ 0,1 mm verwendet, der nicht wie feinkörniges Material eine Löslichkeitserhöhung zeigt (Autenrieth, 1958).

g) $MgCl_2—MgSO_4—H_2O$

Es treten ausschließlich die Festkörper der Randsysteme auf. Die Umwandlungspunkte der $MgCl_2$-Hydrate werden durch die Gegenwart von $MgSO_4$ nur unwesentlich verändert. Dagegen werden die Umwandlungspunkte der $MgSO_4$-Hydrate durch
$MgCl_2$ merklich zu tieferen Temperaturen verschoben (D'ANS, 1933).

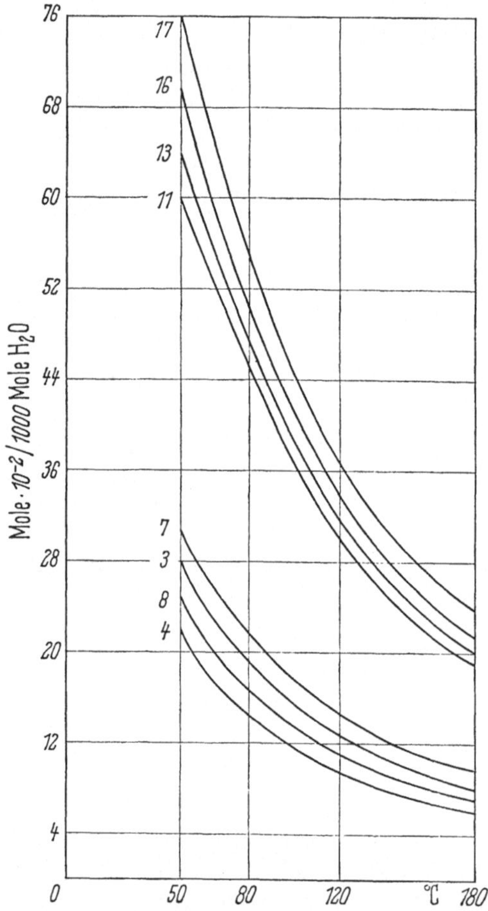

Abb. 17. Löslichkeiten von Magnesit (3), Calcit (4), Magnesit+Dolomit (7), Calcit+Dolomit
(8), Anhydrit (11), Calcit+Anhydrit (13), Calcit+Dolomit+Anhydrit (16) und Magnesit
+Dolomit+Anhydrit (17) in Gegenwart von Halit und CO_2

Die Verhältnisse bei Sättigung an NaCl werden durch das reziproke Salzpaar
$MgSO_4 + Na_2Cl_2 \rightleftarrows MgCl_2 + Na_2SO_4$ bestimmt. In Gegenwart von Halit liegen die
Gleichgewichte zwischen den $MgSO_4$- und $MgCl_2$-Hydraten auf der Mg-reichen Seite
des Systems.

h) $CaCl_2 - CaSO_4 - H_2O$

Die Löslichkeit von $CaSO_4$ in $CaCl_2$-Lösungen ist klein. Sie beträgt für Gips bei
25 °C und Sättigung an $CaCl_2$ etwa 0,1 Mole $CaSO_4 / 1000$ Mole H_2O. Zwischen

180 und 50 °C wurden vom Autor dieser Monographie in schwach an $CaCl_2$ untersättigten Lösungen für Anhydrit ähnliche Werte gefunden. Es ergibt sich somit, daß das Gleichgewicht zwischen $CaSO_4$ und $CaCl_2$-Hydraten in einem großen Temperaturbereich bei > 99 Mol-% Cl_2^{2-} und < 1 Mol-% SO_4^{2-} in der Lösung liegt.

Die Zugabe von NaCl verändert die Verhältnisse nur unwesentlich, da NaCl in gesättigten $CaCl_2$-Lösungen nur wenig löslich ist. Es wurden hier zwischen 180 und 50 °C ähnliche Werte wie im NaCl-freien System ermittelt.

i) $CaSO_4$—$MgSO_4$—H_2O

Gleichgewichtsbestimmungen zwischen Anhydrit und Kieserit wurden bei 180, 120 und 80 °C durchgeführt. Die Bestimmungen erfolgten in der Weise, daß in Parallelversuchen zu $MgSO_4$-Lösungen mit Kieserit als Bodenkörper abgestufte, definierte Mengen von Anhydrit gegeben wurden. Nach Beendigung der Versuche wurden die Lösungen durch Ultrafilter filtriert, das $MgSO_4$-Hydrat auf dem Filter gelöst und durch röntgenographische Aufnahme der Filter geprüft ob noch Anhydrit vorhanden war. Die Lage der Gleichgewichte wurde aus den so gefundenen Mengen des gelösten Anhydrits ermittelt. Chemisch-analytische Bestimmungen der $MgSO_4$-Gehalte der Lösungen waren nicht möglich, da wegen der relativ guten Löslichkeit von Kieserit eine isotherme Lösungsentnahme erforderlich ist. Die $MgSO_4$-Gehalte wurden daher den Sättigungskonzentrationen von Kieserit im System $MgSO_4 - H_2O$ gleichgesetzt. Sie dürften sich aufgrund der geringen Löslichkeit von Anhydrit kaum von denen des $CaSO_4$-gesättigten Systems unterscheiden. Die Versuche ergaben, daß das Gleichgewicht zwischen Kieserit und Anhydrit im Temperaturbereich von 80 bis 180 °C bei > 98 Mol-% Mg^{2+} und < 2 Mol-% Ca^{2+} in der Lösung liegt.

j) $CaSO_4$—$MgSO_4$—$CaCl_2$—$MgCl_2$—H_2O

Die bisher besprochenen Systeme bilden die Randsysteme des quaternären Systems $Ca^{2+} - Mg^{2+} - Cl_2^{2-} - SO_4^{2-} - H_2O$. Neue Verbindungen treten nicht auf. Von Bedeutung sind in diesem System die Gleichgewichte zwischen Anhydrit und den $MgSO_4$-Hydraten, die sich nach der Reaktion $MgSO_4 + CaCl_2 \rightleftarrows CaSO_4 + MgCl_2$ einstellen.

Bei 180 °C konnte das Gleichgewicht zwischen Kieserit und Anhydrit reversibel durch Ablaufen der Reaktion in beiden Richtungen in Abwesenheit und in Gegenwart von Keimen der zu erwartenden Phase festgelegt werden. Es wurde so verfahren, daß zu $MgCl_2 \cdot 6 H_2O$ und $CaCl_2 \cdot 6 H_2O$ Anhydrit oder Kieserit gegeben wurde. Das Mischungsverhältnis von $CaCl_2 \cdot 6 H_2O$ und $MgCl_2 \cdot 6 H_2O$ lag in der Nähe des in Vorversuchen ungefähr ermittelten Gleichgewichts. Die Bomben wurden während des Versuchs geschüttelt. Nach Ablauf der ebenfalls in Vorversuchen ermittelten Zeit zur Gleichgewichtseinstellung (12 Tage) wurde das Schütteln unterbrochen und die Bomben bei der Versuchstemperatur noch 2 Tage senkrecht gestellt. Wie ebenfalls vorher untersucht wurde, genügt dieser Zeitraum um die Kristallisate quantitativ am Boden des Reaktionsgefäßes zu sammeln. Anschließend wurden die Bomben unter Verwendung eines Ventilators bis auf Zimmertemperatur abgekühlt. Nach maximal 5 Min. war eine Temperatur von etwa 117 °C erreicht, bei der die $CaCl_2 - MgCl_2$-Mischung kristallisiert. Es darf angenommen werden, daß die bei 180 °C eingestellten Gleichgewichte während der kurzen Abkühlungszeit erhalten blieben und „eingefroren" wurden. Die abgesaigerten Bodenkörper wurden vom übrigen Kristallisat durch Zerschneiden des Reaktionsgefäßes getrennt und röntgenographisch identifiziert. Die Bestimmung der Zusammensetzung der kristallisierten Gleichgewichtslösung erfolgte chemisch-analytisch. Als Gleichgewicht wurde der Fall angesehen, in dem beide Bodenkörper nebeneinander vorlagen und die Zusammensetzungen der Lösungen bei abgestuften Reaktionszeiten konstant blieben.

Bei 120 und 80 °C konnte der Ablauf der Reaktion nur durch Anhydritbildung und bei 50 °C außerdem noch durch die Entstehung von metastabilem Gips nachgewiesen werden. Der Nachweis der Rückreaktion, die Bildung von $MgSO_4$-Hydrat, gelang nicht. Die Ursache hierfür liegt darin, daß das Gleichgewicht bei großen Mg/Ca-Verhältnissen liegt. Soll die Reaktion von rechts nach links ablaufen, darf einer $MgCl_2$-Lösung nur sehr wenig Anhydrit zugegeben werden. Nach der Reaktion ist eine etwa gleiche Menge $MgSO_4$-Hydrat vorhanden. Mikroskopische Untersuchungen ließen zwar einen Bodenkörper erkennen, jedoch war das Kristallisat wegen der geringen Korngröße nicht zu identifizieren. Röntgenographische Untersuchungen lieferten ebenfalls kein Ergebnis, da die geringen Substanzmengen bei der Präparation zur Aufnahme verloren gingen. Bei 120 °C wurde zur Messung des von einer Seite eingestellten Gleichgewichts wie bei 180 °C verfahren. Bestimmungen bei 80 °C haben nur halbquantitativen Charakter, da die Lösungen über den Bodenkörpern nicht „eingefroren" werden konnten. Sie zeigen aber, daß auch hier das Gleichgewicht bei großen $MgCl_2$-Gehalten der Lösung liegt.

2. Systeme mit Karbonaten

Die im folgenden Abschnitt beschriebenen Systeme enthalten Ca- und Mg-Karbonate als Bodenkörper, über die eine Fülle von kristallographischen, kristallphysikalischen und thermodynamischen Untersuchungen vorliegt. Umfangreiche Bibliographien sind von DEER, HOWIE u. ZUSSMAN (1962) und GRAF u. LAMAR (1955) zusammengestellt worden.

An der Löslichkeit der Ca- und Mg-Karbonate hat die Kohlensäure einen entscheidenden Anteil. Gasförmiges CO_2 löst sich in H_2O unter Bildung der nur in wäßriger Lösung bekannten Kohlensäure H_2CO_3 (1). Die Kohlensäure dissoziiert in der ersten Stufe in HCO_3^- und H^+ (2) und in der zweiten Stufe in CO_3^{2-} und H^+ (3). Die zweite Dissoziationskonstante ist sehr klein und kann vernachlässigt werden, wenn nicht sehr kleine CO_2-Drucke vorhanden sind. Die Ca- und Mg-Karbonate dissoziieren nach der Beziehung (4). Da das Gleichgewicht (3) jedoch ganz auf der linken Seite liegt, reagieren die aus einem Festkörper stammenden CO_3^{2-}-Ionen nach (3) mit den in (2) entstandenen H^+ unter Bildung von HCO_3^-. Das Gleichgewicht wird in Abhängigkeit von der Temperatur und dem CO_2-Druck nach der summarischen Beziehung (5) erreicht.

$$H_2O + CO_2 \text{ (g)} \rightleftharpoons H_2CO_3 \text{ (aq.)} \tag{1}$$
$$H_2CO_3 \rightleftharpoons HCO_3^- + H^+ \tag{2}$$
$$HCO_3^- \rightleftharpoons CO_3^{2-} + H^+ \tag{3}$$
$$MeCO_3 \rightleftharpoons Me^{2+} + CO_3^{2-} \tag{4}$$
$$H_2O + CO_2 + MeCO_3 \rightleftharpoons Me^{2+} + 2\,HCO_3^- \tag{5}$$

Die Ca- und Mg-Karbonate sind also in wäßriger Lösung im wesentlichen als Metall- und Hydrogenkarbonationen vorhanden. In den folgenden Abschnitten und

Tabellen werden die tatsächlich vorhandenen HCO_3^- jedoch als CO_3^{2-} behandelt, da bei der Formulierung der Lösungsgleichgewichte die Zusammensetzungen der Lösungen in Formeleinheiten der Festkörper ausgedrückt werden.

Für geologische Vorgänge ist es wichtig, daß sich der Einfluß der Wasserstoffionenkonzentration auf das Gleichgewicht außerordentlich stark bemerkbar macht. In den Beziehungen (2) und (3) treten Protonen auf, und es hängt von einem zusätzlich vorhandenen Protonendonator oder -akzeptor ab, inwieweit die Gleichgewichtsverhältnisse der Karbonatsysteme verändert werden.

Die Karbonatgleichgewichte stellen sich in der Natur und im Laboratorium außerordentlich träge ein. Metastabile Zustände sind häufig und sehr oft beständig. Es können z. B. übersättigte Lösungen lange Zeit „stabil" bleiben ohne daß es gelingt, die Übersättigung auf experimentellem Weg aufzuheben. Viele Unstimmigkeiten zwischen den Untersuchungsergebnissen verschiedener Autoren sind auf diesen Umstand zurückzuführen.

Das Kennzeichen des Gleichgewichts ist die Reversibilität. Diese Forderung ist bei experimentellen Arbeiten mit gesteinsbildenden Karbonaten meist nicht erfüllt. Im Fall der vorliegenden Untersuchungen konnten daher nur die Gleichgewichtseinstellungen einiger Mineralreaktionen in einem bestimmten Temperaturbereich reversibel durchgeführt werden. Bei Löslichkeitsmessungen an Karbonaten kann man sich dem Gleichgewicht nur von der untersättigten Seite nähern. Die Gleichgewichte wurden in diesem Fall als erreicht angesehen, wenn eine gute Reproduzierbarkeit vorlag, und wenn der Quotient aus den molaren Konzentrationen von Ca^{2+} und Mg^{2+} eine logarithmische Beziehung in Abhängigkeit von der absoluten Temperatur erkennen ließ.

a) $CaCO_3$—H_2O

Als Bodenkörper treten in diesem System die $CaCO_3$-Modifikationen Calcit, Aragonit und Vaterit auf. Ferner ist die Existenz der Hydrate $CaCO_3 \cdot H_2O$ und $CaCO_3 \cdot 6\,H_2O$ bekannt (BROOKS u. Mitarb., 1951). Von Wichtigkeit sind Calcit und Aragonit. Gleichgewichtsbestimmungen zwischen beiden Modifikationen sind von verschiedenen Autoren in einem großen Temperatur- und Druckbereich durchgeführt worden. Die Ergebnisse zeigen übereinstimmend, daß das Gleichgewicht Calcit $\rightleftarrows$ Aragonit mit fallender Temperatur und steigendem Druck zur rechten Seite verschoben wird. Im sedimentären und diagenetischen Bereich entstandener Aragonit ist metastabil. Die Ursachen für die metastabile Entstehung der verschiedenen $CaCO_3$-Modifikationen und -Hydrate im Stabilitätsfeld des Calcits sind von BROOKS u. Mitarb. erörtert worden. Hiernach sind neben anderen Faktoren auch Lösungsgenossen für das metastabile Auftreten der verschiedenen Phasen maßgebend (siehe auch PARK, 1962; USDOWSKI, 1963).

Die Löslichkeiten im System $CaCO_3$-H_2O sind meist mit Calcit, seltener mit dem mehr löslichen Aragonit als Bodenkörper untersucht worden. Die bis 1949 erschienenen Publikationen sind von FAUST (1949) zusammengefaßt worden. Neuere Untersuchungen stammen von ELLIS (1959), MILLER (1952), SEGNIT u. Mitarb. (1962) und WEYL (1959). Da in der Natur stets mit der Gegenwart von CO_2 zu rechnen ist und die Lösungsgleichgewichte vom CO_2-Druck abhängig sind, müssen Löslichkeitsbestimmungen im Feld $CaCO_3$-CO_2-H_2O des Systems CaO-CO_2-H_2O durchgeführt werden. An der Linie $CaCO_3$-H_2O setzt die Reaktion $CaCO_3 + H_2O \rightleftarrows Ca(OH)_2 + CO_2$

ein. Bei höheren Temperaturen ist Portlandit ($Ca(OH)_2$) stabil (WYLLIE u. TUTTLE, 1960), bei tieferen Temperaturen befindet sich $Ca(OH)_2$ ausschließlich in der Lösung. Das Gleichgewicht verschiebt sich mit steigender Temperatur und fallendem CO_2-Druck nach rechts.

Die Untersuchungen der verschiedenen Bearbeiter des Feldes $CaCO_3$-CO_2-H_2O zeigen, daß die Löslichkeit von Calcit isotherm mit steigendem CO_2-Druck zunimmt und bei konstantem Druck mit steigender Temperatur abnimmt. Calcitabscheidung aus Lösungen kann ohne Verdampfen also dann eintreten, wenn die Temperatur erhöht (P = konst.) oder der CO_2-Druck erniedrigt wird (T = konst.). Auflösen von Calcit findet bei Temperaturerniedrigung oder bei Erhöhung des Drucks statt.

Löslichkeitsbestimmungen des Autors dieser Monographie an Calcit bei Temperaturen von 50 bis 180 °C sind in der Abb. 16 enthalten. Die Untersuchungen wurden trotz bereits vorhandener Daten durchgeführt, um zu kontrollieren ob mit der eingangs beschriebenen Versuchseinrichtung Löslichkeitsbestimmungen mit der erforderlichen Genauigkeit möglich waren. Die Ergebnisse zeigen eine gute Übereinstimmung mit den Messungen anderer Autoren.

Mit der verwendeten Apparatur konnte der Druck nicht von außen eingestellt werden. Um unter konstanten und reproduzierbaren Bedingungen zu arbeiten, wurde für die Löslichkeitsmessungen Wasser verwendet, das bei 20 °C an CO_2 gesättigt war. Ferner wurde vor dem Schließen der Bomben der Raum über der Lösung mit CO_2 gefüllt. In der gleichen wie hier beschriebenen Weise wurde bei Löslichkeitsbestimmungen in allen anderen Systemen verfahren, in denen Ca- und Mg-Karbonate als Bodenkörper vorlagen. Es soll noch einmal darauf hingewiesen werden, daß sich alle vom Autor dieser Monographie selbst ermittelten Löslichkeitsdaten auf die Einstellung des Gleichgewichts von der Seite der höheren Temperatur beziehen. Es wurde so vorgegangen, daß die Bombenrohre im Ofen ohne Bewegung schnell auf Temperaturen von 5—10 °C über der Versuchstemperatur gebracht wurden. Erst jetzt wurde mit dem Schütteln der Gefäße begonnen und der Ofen auf die Versuchstemperatur abgekühlt. Der umgekehrte Weg führt häufig zu falschen Ergebnissen. Die hier behandelten Karbonate haben eine negative Lösungsenthalpie. Das bedeutet, daß bei tieferen Temperaturen mehr gelöst ist als bei höheren. Da die Karbonate die Tendenz besitzen übersättigte Lösungen zu bilden, tritt häufig der Fall ein, daß die beim langsamen Aufheizen unter Schütteln gelöste Substanz bei der Versuchstemperatur nicht wieder abgeschieden wird. Ähnliche Verhältnisse herrschen auch in Gegenwart von Anhydrit. Die Gleichgewichtseinstellungen mit Anhydrit im Bodenkörper wurden daher in der gleichen Weise vorgenommen.

b) $CaCO_3$—$NaCl$—H_2O

Über die Löslichkeit von Calcit in NaCl-haltigen Lösungen liegen Untersuchungen von ELLIS (1963) und HOLLAND u. Mitarb. (1964) vor. Die Löslichkeit von Calcit ist in Gegenwart von NaCl größer als im reinen System $CaCO_3$-H_2O. Sie nimmt bei konstanter NaCl-Konzentration und bei gegebener Temperatur mit steigendem CO_2-Druck zu. Bei konstantem NaCl-Gehalt und gegebenen Druck wird sie mit steigender Temperatur kleiner. Unter isothermen und isobaren Bedingungen durchläuft die Löslichkeit des Calcits in ähnlicher Weise wie die des Anhydrits mit wachsendem NaCl-Gehalt der Lösung ein Maximum. Für die Löslichkeit von Calcit in Gegenwart von Halit unter dem Dampfdruck des Systems liegen Untersuchungen des Autors dieser Monographie vor (Abb. 17).

Aus formalen Gründen kann im System $CaCO_3$-$NaCl$-H_2O das Auftreten von Pirssonit ($Na_2Ca(CO_3)_2 \cdot 2\,H_2O$), Gaylussit ($Na_2Ca(CO_3)_2 \cdot 5\,H_2O$) und Shortit ($Na_2Ca_2(CO_3)_3$) erwartet werden. Sie sind jedoch hier bislang noch nicht beobachtet worden und werden wahrscheinlich erst mit Lösungen stabil, deren Zusammensetzungen im Dreieck Na_2Cl_2-Na_2CO_3-$CaCO_3$ des reziproken Salzpaares $Na_2CO_3 + CaCl_2 \rightleftarrows Na_2Cl_2 + CaCO_3$ liegen. Im ternären System Na_2CO_3-$CaCl_2$-H_2O wurde von BROOKS u. Mitarb. (1951) in Gegenwart von Na-Metaphosphaten bei etwa 94 Mol-% Na_2CO_3 und 6 Mol-% $CaCl_2$ Gaylussit als Bodenkörper erhalten.

c) $MgCO_3$—H_2O

Das System MgO-CO_2-H_2O, das bei höheren Temperaturen von WALTER, WYLLIE u. TUTTLE (1962) untersucht wurde, enthält die Reaktion $MgCO_3 + H_2O \rightleftarrows Mg(OH)_2 + CO_2$. Das Gleichgewicht verschiebt sich mit steigender Temperatur und fallendem CO_2-Druck nach rechts. Im Feld MgO-$MgCO_3$-H_2O können Hydromagnesit ($Mg_5[OH(CO_3)_2]_2 \cdot 4\,H_2O$), Artinit ($Mg_2[(OH_2)CO_3] \cdot 3\,H_2O$) und Brucit ($Mg(OH)_2$) auftreten. Magnesit, Nesquehonit ($MgCO_3 \cdot 3\,H_2O$) und Lansfordit ($MgCO_3 \cdot 5\,H_2O$) sind im Feld $MgCO_3$-CO_2-H_2O stabil. Über die Lösungsgleichgewichte der hydroxyl- und H_2O-haltigen Karbonate liegen nur wenige Untersuchungen vor. Daten über die Löslichkeit von Brucit zwischen 150 und 350 °C sind von MOREY (1962) publiziert worden. Die Stabilitätsverhältnisse zwischen Brucit, Hydromagnesit, Lansfordit, Nesquehonit und Magnesit wurden von LANGMUIR (1965) bearbeitet. Systematische Untersuchungen über die Löslichkeit von Magnesit in Abhängigkeit von der Temperatur und dem CO_2-Druck, wie sie für Calcit durchgeführt wurden, liegen nicht vor. Untersuchungen des Autors dieser Monographie zeigen, daß sich die unter den jeweiligen Sättigungsdrucken bestimmte Löslichkeit von Magnesit in Abhängigkeit von der Temperatur in gleicher Weise wie die des Calcits ändert (Abb. 16). Es darf hieraus geschlossen werden, daß die Löslichkeit von Magnesit ebenfalls bei konstantem Druck mit steigender Temperatur erniedrigt und bei gegebener Temperatur mit steigendem Druck erhöht wird.

Für das System $MgCO_3$-$NaCl$-H_2O dürfen ähnliche Verhältnisse vermutet werden wie für das System $CaCO_3$-$NaCl$-H_2O. Löslichkeitsbestimmungen in NaCl-gesättigten Lösungen sind zwischen 50 und 180 °C durchgeführt worden (Abb. 17).

d) $CaCO_3 - CaCl_2 - H_2O$ und $MgCO_3 - MgCl_2 - H_2O$

Löslichkeitsmessungen von Calcit bzw. Magnesit in schwach untersättigten $CaCl_2$- bzw. $MgCl_2$-Lösungen ergaben, daß die Gleichgewichte mit > 99 Mol-% Cl_2^{2-} und < 1 Mol-% CO_3^{2-} ganz auf der Chlorid-Seite der Systeme liegen. Diese Daten gelten auch für die Gegenwart von Halit, da die Löslichkeit von NaCl in konzentrierten $CaCl_2$- und $MgCl_2$-Lösungen klein ist.

e) $CaCO_3$—$CaSO_4$—H_2O

Außer den in den Randsystemen vorkommenden Bodenkörpern treten keine neuen festen Phasen auf. Löslichkeitsbestimmungen mit Calcit und Anhydrit sind zwischen 50 und 180 °C angestellt worden (Abb. 16 u. 18). Die Form der Löslichkeitskurve der gesamten gelösten Substanz (Abb. 16) ähnelt der Löslichkeitskurve von Anhydrit. Sie ist aber zu größeren Konzentrationen verschoben. Die Löslichkeiten der einzelnen Komponenten (Abb. 18) haben sich auf Grund des gemeinsamen Kations gegenüber

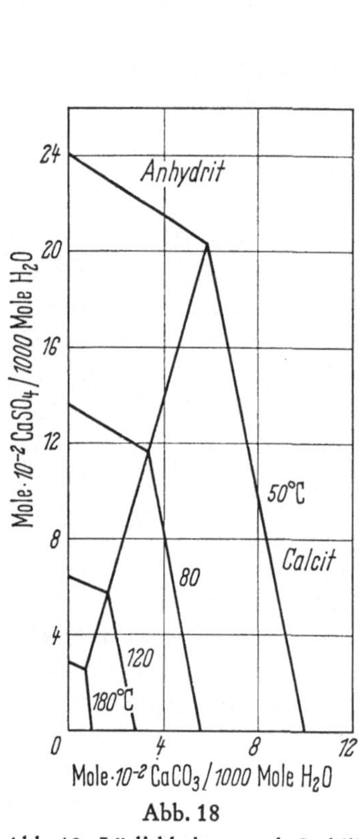

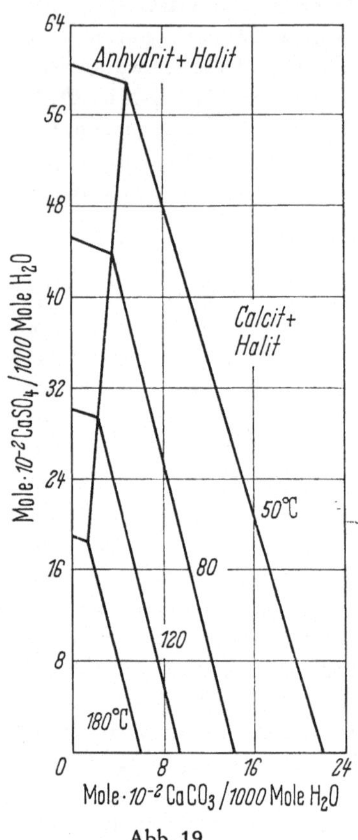

Abb. 18. Löslichkeiten und Stabilitätsbereiche von Calcit und Anhydrit im System Ca^{2+} — CO_3^{2-} — SO_4^{2-} — H_2O in Gegenwart von CO_2

Abb. 19. Löslichkeiten und Stabilitätsbereiche von Calcit und Anhydrit in Gegenwart von Halit und CO_2

den Löslichkeiten in den Randsystemen erniedrigt. Bemerkenswert ist, daß der Temperaturgradient des Gleichgewichts klein ist und im Fehlerbereich des Experiments liegt.

Im Fall der NaCl-Sättigung erhöht sich die Löslichkeit (Abb. 17). Die Löslichkeiten der einzelnen Komponenten haben sich auch hier aufgrund des gemeinsamen Kations gegenüber denen der Randsysteme erniedrigt (Abb. 19). Das Gleichgewicht zwischen Anhydrit und Calcit hat sich in Gegenwart von Halit in Richtung auf ein größeres SO_4^{2-} / CO_3^{2-}-Verhältnis verschoben, da die Löslichkeit von Anhydrit durch NaCl stärker erhöht wird als die von Calcit. In Analogie zu den Verhältnissen in den Randsystemen darf vermutet werden, daß die isotherme Löslichkeit von Anhydrit im Gleichgewicht mit Calcit in Abhängigkeit von der NaCl-Konzentration auch ein Maximum durchläuft.

f) $MgCO_3$—$MgSO_4$—H_2O

Bestimmungen wurden nach dem beim System $CaSO_4$-$MgSO_4$-H_2O beschriebenen halbquantitativen Verfahren bei 80, 120 und 180 °C durchgeführt. Die Gleichgewichte liegen mit etwa 98 Mol-% SO_4^{2-} und 2 Mol-% CO_3^{2-} auf der $MgSO_4$-reichen Seite des Systems.

g) $CaCO_3$—$CaSO_4$—$CaCl_2$—H_2O und $MgCO_3$—$MgSO_4$—$MgCl_2$—H_2O

Die Verhältnisse in beiden Systemen werden durch die Randsysteme bestimmt. Neue Verbindungen treten nicht auf. Zur Bestimmung der Gleichgewichte zwischen Anhydrit, Calcit und $CaCl_2$-Hydrat wurden Löslichkeitsmessungen in schwach untersättigten $CaCl_2$-Lösungen durchgeführt. Die Untersuchungen zeigen, daß das Gleichgewicht bei hohen Cl_2^{2-}-Konzentrationen liegt. Im System $MgCO_3$-$MgSO_4$-$MgCl_2$-H_2O konnten keine Bestimmungen unterhalb von 120 °C vorgenommen werden, da das Gleichgewicht nicht metastabil erhalten blieb. Es konnte jedoch festgestellt werden, daß sich das Gleichgewicht auch hier bei hohen Cl_2^{2-}-Konzentrationen befindet.

h) $CaCO_3 - MgCO_3 - H_2O$

Als neue Bodenkörper treten in diesem System Dolomit ($CaMg(CO_3)_2$) und Huntit ($Mg_3Ca(CO_3)_4$) auf. Über die Bildungsbedingungen von Huntit ist noch nichts bekannt. Die Phasenbeziehungen zwischen Dolomit, Calcit und Magnesit sind von HARKER u. TUTTLE (1955) und GRAF und GOLDSMITH (1955) bei höheren Temperaturen untersucht worden. Die Mischungslücke, die durch Gleichgewichte zwischen Mg-haltigen Calciten und Dolomiten mit einem Ca-Überschuß zum Ausdruck kommt, verbreitert sich mit fallender Temperatur. Im sedimentären und diagenetischen Bereich sind nur noch die Endglieder $CaCO_3$ und $CaMg(CO_3)_2$ stabil. Die Mischungslücke zwischen Magnesit und Dolomit ist breiter als die zwischen Calcit und Dolomit. Im sedimentären und diagenetischen Bereich entstandene Mg-haltige Calcite, Ca-haltige Magnesite und Dolomite mit einem Ca-Überschuß sind daher metastabile Bildungen. Ca-Mg-Karbonate mit einem dem Dolomit ähnlichen Ca/Mg-Verhältnis werden Protodolomite genannt. Strukturell unterscheiden sich Protodolomite vom Dolomit dadurch, daß das Ca/Mg-Verhältnis > 1 sein kann, und daß die mit Ca und Mg besetzten Netzebenen nicht wie beim Dolomit regelmäßig (Wechselfolge 1 Ca, 1 Mg), sondern unregelmäßig aufeinanderfolgen. Diese Anordnung bewirkt beim Protodolomit eine höhere Symmetrie. Die gleiche Symmetrie kann auch durch eine statistische Verteilung von Ca und Mg auf alle Plätze der Kationen erreicht werden (GRAF u. GOLDSMITH, 1956). Eine Unterscheidung zwischen Dolomit und Protodolomit kann schon an Hand von Pulveraufnahmen durchgeführt werden. Die Interferenzen von Ca-überschüssigem Dolomit sind zu größeren Netzebenenabständen verschoben. Ferner zeigt Dolomit gegenüber Protodolomit zusätzliche Reflexe. Von diesen sogenannten Überstrukturlinien sind $(10\bar{1}1)$, $(01\bar{1}5)$ und $(02\bar{2}1)$ gewöhnlich gut zu erkennen. Das Verhältnis der Intensitäten von $(11\bar{2}0)$ und $(01\bar{1}5)$ gibt den Ordnungsgrad der Wechselfolge von Ca- und Mg-besetzten Netzebenen an (GOLDSMITH u. GRAF, 1958).

Es ist bislang nicht gelungen, Dolomit oder Protodolomit unter Bedingungen, die an der Erdoberfläche herrschen, aus Lösungen mit auch nur annähernd natürlicher Zusammensetzung synthetisch herzustellen. Bei allen unter naturähnlichen Bedingun-

gen durchgeführten Versuchen wurde stets Calcit, Aragonit oder Vaterit erhalten.
Neuere Literatur über die Synthese von Dolomit ist von FÜCHTBAUER (1962) zusammengestellt worden. Über Versuche des Autors dieser Monographie, in denen es gelungen ist, Dolomit bis zu einer Minimaltemperatur von 120 °C herzustellen, wird auf Seite 33 berichtet. Da also bei tieferen Temperaturen Angaben über die Gleichgewichte Calcit-Dolomit und Magnesit-Dolomit nicht durch die Synthese der jeweiligen Festkörper erhalten werden können, müssen die Gleichgewichte durch Löslichkeitsbestimmungen festgelegt werden.

Löslichkeitsmessungen mit Calcit und Dolomit sowie mit Magnesit und Dolomit als Bodenkörper sind bis etwa 70 °C von HALLA und YANATYEVA (s. SEIDEL, 1958) angestellt worden. Der Autor dieser Monographie hat Löslichkeitsbestimmungen mit den gleichen Festkörperassoziationen zwischen 50 und 180 °C in der auf Seite 26 beschriebenen Weise im Raum $CaCO_3$-$MgCO_3$-CO_2-H_2O des Systems CaO-MgO-CO_2-H_2O durchgeführt. An der Linie $CaMg(CO_3)_2$-H_2O setzt die Reaktion $CaMg(CO_3)_2 + H_2O \rightleftarrows CaCO_3 + Mg(OH)_2 + CO_2$ ein. Das Gleichgewicht verschiebt sich mit steigender Temperatur und fallendem CO_2-Druck nach rechts. Ab

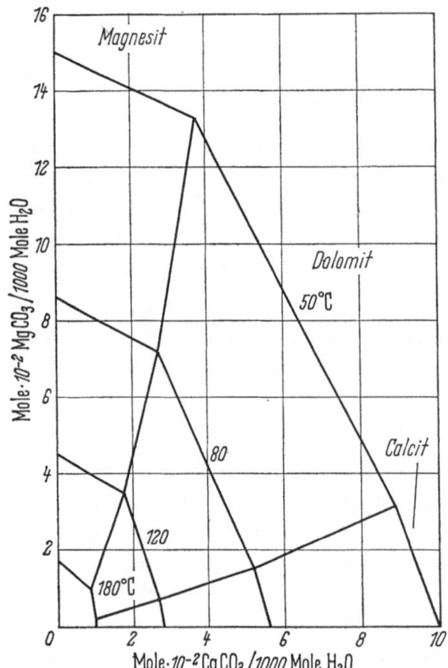

Abb. 20. Löslichkeiten und Stabilitätsbereiche von Calcit, Magnesit und Dolomit im System Ca^{2+}—Mg^{2+}—CO_3^{2-}—H_2O in Gegenwart von CO_2

200 °C entstehen Calcit und Brucit (MOREY, 1962). Bei 180 und 120 °C konnte der Autor dieser Untersuchungen unter Verwendung sehr kleiner CO_2-Drucke (CO_2-freies H_2O und Luft über der Lösung im Reaktionsgefäß) röntgenographisch die Bildung von Calcit feststellen. Chemisch-analytisch ließ sich durch ein CO_3^{2-}-Defizit im Bodenkörper die Bildung von röntgenamorphem $Mg(OH)_2$ nachweisen.

Die Ergebnisse der Untersuchungen im Raum $CaCO_3$-$MgCO_3$-CO_2-H_2O zeigen, daß sich die Löslichkeiten der einzelnen Komponenten gegenüber den Löslichkeiten in den Randsystemen aufgrund der gemeinsamen Kationen erniedrigt haben (Abb. 20). Die Gesamtkonzentrationen der Lösungen liegen für die Assoziation Calcit-Dolomit zwischen denen von Calcit und Magnesit und für die Assoziation Magnesit-Dolomit über der von Magnesit (Abb. 16). In Abhängigkeit von der Temperatur folgt die Lage der Gleichgewichte für Calcit + Dolomit der Beziehung $\log m\, Ca^{2+}/m\, Mg^{2+} = -0{,}27 \cdot 10^3/T$ (°K) $+ 1{,}29$ und für Magnesit + Dolomit der Beziehung $\log m\, Ca^{2+}/m\, Mg^{2+} = -0{,}51 \cdot 10^3/T$ (°K) $+ 1{,}01$ (Abb. 21). An Stelle der unbekannten Aktivitäten wurden die molaren Konzentrationen $m\, Ca^{2+}$ und $m\, Mg^{2+}$ eingeführt. Da angenommen werden darf, daß die Aktivitäten von Ca^{2+} und Mg^{2+} nicht sehr voneinander abweichen, gehen sie im Fall der Quotientenbildung nicht in die Rechnung ein (s. a.

Rosenberg u. Holland, 1964). Die Abb. 21 zeigt, daß sich die Gleichgewichte zwischen Calcit und Dolomit sowie zwischen Magnesit und Dolomit mit steigender

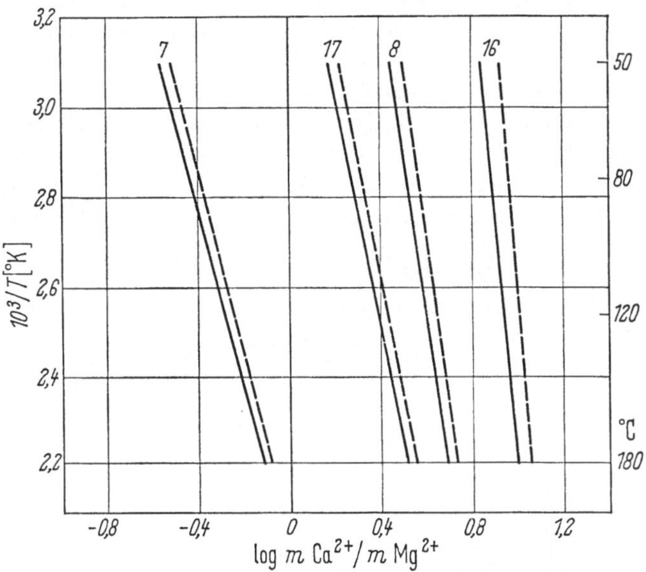

Abb. 21. Temperaturabhängigkeit des molaren Ca/Mg-Verhältnisses der Gleichgewichtslösungen in Gegenwart von CO_2. ——————— Lage der Gleichgewichte im System $Ca^{2+} - Mg^{2+} - CO_3^{2-} - SO_4^{2-} - H_2O$. — — — — Lage der Gleichgewichte bei Sättigung an NaCl. 7: Magnesit + Dolomit (+ Halit), 8: Calcit + Dolomit (+ Halit), 16: Calcit + Anhydrit + Dolomit (+ Halit), 17: Magnesit + Anhydrit + Dolomit (+ Halit)

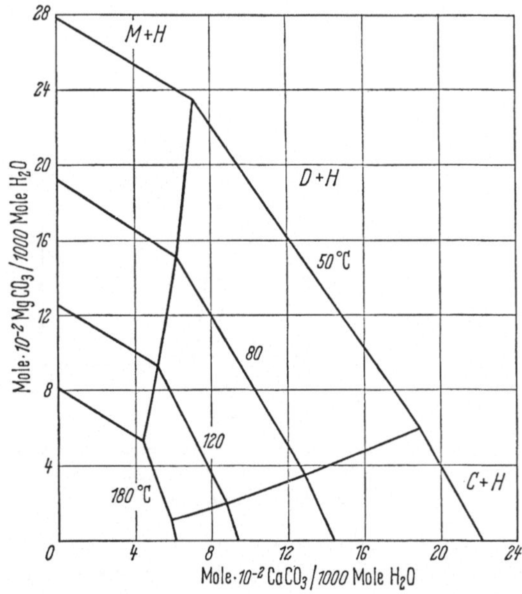

Abb. 22. Löslichkeiten und Stabilitätsverhältnisse von Calcit, Magnesit und Dolomit in Gegenwart von Halit und CO_2. C: Calcit, M: Magnesit, D: Dolomit, H: Halit

Temperatur auf die Ca-reiche Seite des Systems verschieben. Aus der Verlängerung der Linie 7 ergibt sich, daß sich Dolomit erst bei etwa 230 °C inkongruent löst. Unterhalb dieser Temperatur liegt kongruente Löslichkeit vor.

Für die Sättigung an NaCl bleiben die Verhältnisse im wesentlichen erhalten. Unterschiede gegenüber dem NaCl-freien System existieren nur in einer Löslichkeitserhöhung und in einer leichten Verschiebung der Gleichgewichte in Richtung auf höhere Ca/Mg-Verhältnisse (Abb. 17, 21 u. 22). Die Lage der Gleichgewichte folgt in Abhängigkeit von der Temperatur für die Assoziation Calcit-Dolomit-Halit der Beziehung $\log m\,Ca^{2+}/m\,Mg^{2+} = -0{,}25 \cdot 10^3/T(°K) + 1{,}29$ und für die Assoziation Magnesit-Dolomit-Halit der Beziehung $\log m\,Ca^{2+}/m\,Mg^{2+} = -0{,}48 \cdot 10^3/T(°K) + 0{,}97$.

i) $CaCO_3$—$MgCO_3$—$CaCl_2$—$MgCl_2$—H_2O

Das System enthält keine weiteren Verbindungen als die, die in den Randsystemen auftreten (USDOWSKI, 1964 a). In der Abb. 23 sind die Phasenbeziehungen im Jäneckeschen Quadrat dargestellt. Die Felder geben die Zusammensetzungen von Lösungen

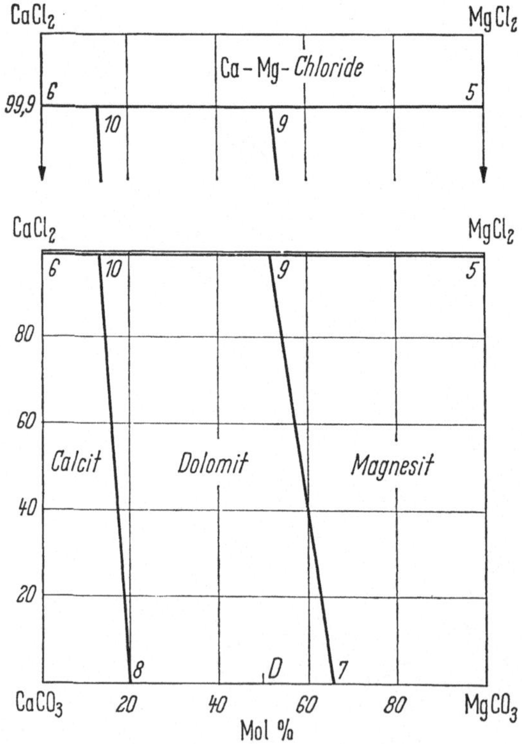

Abb. 23. Stabilitätsverhältnisse im System $Ca^{2+}-Mg^{2+}-CO_3^{2-}-Cl_2^{2-}-H_2O$ bei 120 °C (~2 Atm.). Die Linie 5—9—10—6 liegt dicht an der $CaCl_2-MgCl_2$-Seite. D: darstellender Punkt des Dolomits

an, die mit den jeweiligen Bodenkörpern im Gleichgewicht sind. Im Bereich $CaCl_2$-$MgCl_2$- 5 - 6 tritt sehr wahrscheinlich auch Tachhydrit auf, so daß für das quaternäre System 4 invariante Punkte resultieren. Da die Gleichgewichte zwischen Karbonaten und Chloriden sehr dicht an der Cl_2^{2-}-Kante des Systems liegen, darf angenommen werden, daß die Lagen der in der Abb. 23 nicht eingezeichneten Punkte praktisch identisch sind mit den Gleichgewichten Tachhydrit-CaCl$_2$-Hydrat und Tachhydrit-MgCl$_2$-Hydrat im Randsystem.

Experimentelle Untersuchungen liegen für die Reaktionen

$$2\,CaCO_3 + MgCl_2 \rightleftarrows CaMg(CO_3)_2 + CaCl_2 \qquad (10)\ ^2$$
$$und\quad 2\,MgCO_3 + CaCl_2 \rightleftarrows CaMg(CO_3)_2 + MgCl_2 \qquad (\ 9)$$

vor. Die Untersuchungen konnten im Temperaturbereich von 120 bis 180 °C durchgeführt werden. Sie erfolgten in der Weise, daß Calcit, Dolomit oder Magnesit mit CaCl$_2$-MgCl$_2$-Lösungen, deren Zusammensetzungen schon in der Nähe des aus Vorversuchen ermittelten Gleichgewichts lagen, zur Reaktion gebracht wurden. Hierbei wurden in Parallelversuchen beide Richtungen der Reaktionen durchlaufen. Das Gleichgewicht wurde dann als erreicht angesehen, wenn nach Beendigung der Versuche zwei Bodenkörper vorlagen, und wenn sich die chemisch-analytisch ermittelte Zusammensetzung der jeweiligen Lösung in Parallelversuchen mit abgestufter Dauer nicht mehr änderte (bei 180 °C 12 Tage, bei 120 °C 30 Tage). Zusätzliche Reaktionsversuche zur Bestimmung des Gleichgewichts wurden unter Zugabe von Keimen der jeweils zu synthetisierenden Phase durchgeführt. Die Gleichgewichtslösungen dieser Versuchsreihen zeigten die gleichen Zusammensetzungen wie Lösungen von Versuchen, in denen Keime fehlten.

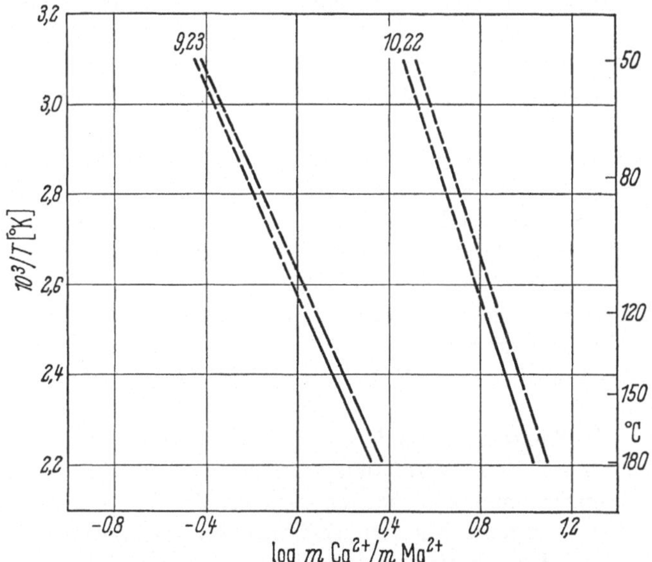

Abb. 24. Temperaturabhängigkeit des molaren Ca/Mg-Verhältnisses in den Systemen (Na$_2^+$ —) Ca^{2+} — Mg^{2+} — CO$_3^{2-}$ — Cl$_2^{2-}$ — H$_2$O und (Na$_2^+$ —) Ca^{2+} — Mg^{2+} — CO$_3^{2-}$ — SO$_4^{2-}$ — Cl$_2^{2-}$ — H$_2$O. —————— NaCl-Freiheit, —— —— —— NaCl-Sättigung, — — — Extrapolation. 9: Magnesit+Dolomit (+Halit), 23: Magnesit+Dolomit+Anhydrit (+Halit), 10: Calcit +Dolomit (+Halit), 22: Calcit+Dolomit+Anhydrit (+Halit). Die Lagen der Gleichgewichte 9 und 23 sowie 10 und 22 sind identisch. Unterschiede bestehen nur zwischen dem Fall der NaCl-Sättigung und dem Fall der NaCl-Freiheit

---

^{2} Die Numerierung der Reaktionen ist identisch mit der Bezeichnung der invarianten Punkte in den Phasendiagrammen und in der Zusammenstellung der Gleichgewichtsdaten.

Weitere Reaktionsversuche wurden parallel der Ca-Mg-Seite des Systems ebenfalls dicht an den Stabilitätsfeldern der Chloride durchgeführt. Alle hergestellten Bodenkörper entsprachen stets denen, die an Hand der Gleichgewichtsdaten zu erwarten waren. Die erhaltenen Dolomite, Magnesite und Calcite wurden analysiert. Sie zeigten weitgehend Idealzusammensetzungen. Auch im röntgenographischen Pulverdiagramm waren keine Anomalien zu beobachten. Der hergestellte Dolomit hatte die Symmetrie $R\,\bar{3}$. Protodolomite entstanden nur dann, wenn sich das Gleichgewicht bei zu kurzer Reaktionsdauer noch nicht eingestellt hatte.

Die Temperaturabhängigkeit der Reaktionen wird für das Gleichgewicht 10 durch die Beziehung $\log m\,\mathrm{Ca^{2+}}/m\,\mathrm{Mg^{2+}} = -0{,}65\cdot 10^3/T(^\circ\mathrm{K})+2{,}48$ und für das Gleichgewicht 9 durch die Beziehung $\log m\,\mathrm{Ca^{2+}}/m\,\mathrm{Mg^{2+}} = -0{,}92\cdot 10^3/T(^\circ\mathrm{K})+2{,}36$ ausgedrückt (Abb. 24).

Die Bestimmungen erfolgten bei 180, 150 und 120 °C. Es ist zu beachten, daß bei 120 °C für die Reaktion 10 Aragonit als Ausgangsmaterial verwendet wurde. Calcit reagiert bei dieser Temperatur nicht mehr. Bei 100 °C war eine Durchführung der Reaktion unter Bildung von Dolomit oder Protodolomit weder bei Verwendung von Calcit noch bei Verwendung von Aragonit oder Mg-haltigen Calciten möglich. Auch die Zugabe von Dolomitkeimen konnte die Reaktion nicht auslösen. Lange Versuchszeiten (etwa ½ Jahr) führten ebenfalls zu keinem Ergebnis. Auch die Reaktion 9 ließ sich bei 100 °C nicht mehr durchführen. Die Gleichgewichtsdaten für tiefere Temperaturen müssen daher aus den zwischen 180 und 120 °C erhaltenen Werten extrapoliert werden. Weiter ergaben Versuche, die mit verdünnten $\mathrm{CaCl_2}$-$\mathrm{MgCl_2}$-Lösungen durchgeführt wurden, daß die Reaktionen, die zwischen 180 und 120 °C an der $\mathrm{Cl_2^-}$-Seite des Systems zur Dolomitbildung führten, in der Nähe der $\mathrm{CO_3^{2-}}$-Kante nicht eintreten.

Diese Versuche zeigen, daß die Entstehung von Dolomit stark von der Hydratation der in Lösung befindlichen Mg-Ionen abhängig ist. Die Zahl der wenig oder nicht hydratisierten Ionen ist bei höheren Temperaturen größer als bei niedrigen. Ferner nimmt die Menge derartiger Ionen mit steigender Konzentration der Lösungsgenossen zu. Die Anzahl von Zusammenstößen pro Zeiteinheit der für den Aufbau der Dolomitstruktur geeigneten Bausteine nimmt daher mit fallender Temperatur und fallender Konzentration ab. Bei 100 °C ist dieser Quotient schon so klein, daß mit den im Laboratorium zur Verfügung stehenden Wartezeiten ein Reaktionsablauf nicht festzustellen ist.

Der Einfluß des Ausgangsmaterials auf die Bildung von Dolomit ist noch nicht zu übersehen. Die oft geäußerte Vermutung, daß bei einer Reaktion von $\mathrm{CaCO_3}$ mit Mg-haltigen Lösungen unter Bildung von Dolomit die Reaktionsfreudigkeit in der Reihenfolge Calcit, Aragonit, Mg-haltiger Calcit mit abnehmender Stabilität dieser Phasen zunimmt, wird durch die hier vorliegenden Versuchsergebnisse nicht bestätigt. Bei 120 °C reagierte Aragonit, nicht aber Mg-haltiger Calcit unter Bildung von Dolomit.

In Gegenwart von Halit als zusätzlichem Bodenkörper ändern sich die Gleichgewichtsverhältnisse nur wenig. Die oben angegebenen Reaktionen konnten auch bei NaCl-Sättigung nur im Temperaturbereich von 120 bis 180 °C durchgeführt werden. Unterschiede gegenüber dem NaCl-freien System bestehen nur in einer kleinen Verschiebung der Gleichgewichte zu höheren Ca/Mg-Verhältnissen. Für die Temperaturabhängigkeit des Gleichgewichts der Assoziation Calcit-Dolomit-Halit gilt: $\log m\mathrm{Ca}^{2+}/m\mathrm{Mg}^{2+} = -0,65 \cdot 10^3/T(^\circ\mathrm{K}) + 2,52$. Die Beziehung $\log m\mathrm{Ca}^{2+}/m\mathrm{Mg}^{2+} = -0,92 \cdot 10^3/T(^\circ\mathrm{K}) + 2,40$ drückt die Temperaturabhängigkeit des Gleichgewichts zwischen Magnesit, Dolomit und Halit aus (Abb. 24).

j) $CaCO_3$—$MgCO_3$—$CaSO_4$—$MgSO_4$—H_2O

Das System (Abb. 25) enthält isobar und isotherm 7 monovariante Linien und 3 invariante Punkte. An den Punkten sind quaternäre Lösungen mit Anhydrit, Dolomit und Calcit (16), Anhydrit, Dolomit und Magnesit (17) und Anhydrit, Magnesit

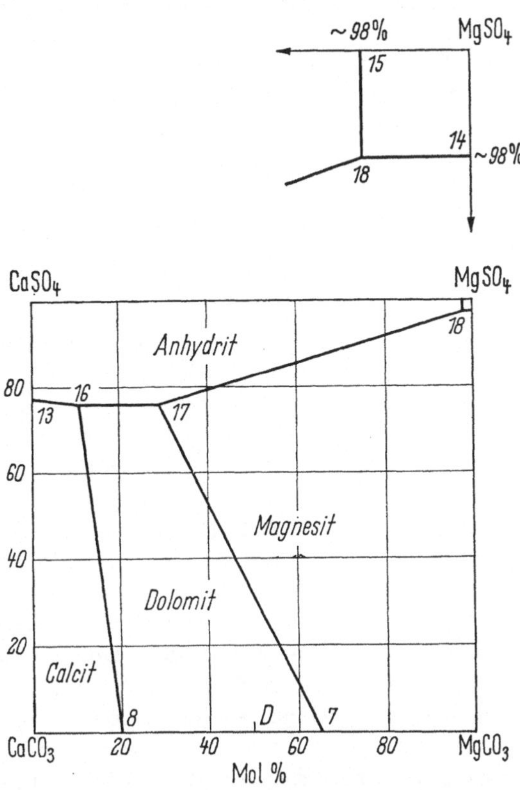

Abb. 25. Stabilitätsverhältnisse im System $\mathrm{Ca}^{2+} - \mathrm{Mg}^{2+} - \mathrm{CO}_3^{2-} - \mathrm{SO}_4^{2-} - \mathrm{H}_2\mathrm{O}$ bei 120 °C (~2 Atm.) in Gegenwart von CO_2. Im Bereich $\mathrm{MgSO}_4 - 14 - 18 - 15$ ist Kieserit stabil. D: darstellender Punkt des Dolomits

und $MgSO_4$-Hydraten (18) stabil. Die Gleichgewichte werden durch folgende Beziehungen ausgedrückt:

$$2\,\underline{CaCO_3} + MgSO_4 \rightleftarrows \underline{CaMg(CO_3)_2} + \underline{CaSO_4} \qquad (16)\ ^3$$
$$2\,\underline{MgCO_3} + CaSO_4 \rightleftarrows \underline{CaMg(CO_3)_2} + MgSO_4 \qquad (17)$$
$$\underline{CaCO_3} + MgSO_4 \rightleftarrows \underline{CaSO_4} + \underline{MgCO_3} \qquad (18)$$

Die jeweiligen festen Phasen sind unterstrichen. Nicht unterstrichene Verbindungen kommen nur in der Lösung vor.

---

[3] s. Fußnote [2] S. 33.

Von diesen Reaktionen konnte nur das Gleichgewicht 18 und Reaktionen, die zu Gleichgewichten zwischen Anhydrit und Magnesit auf der Linie 17–18 in der Nähe des Punktes 18 führten, im Experiment realisiert werden. Hierbei reagierte Calcit mit $MgSO_4$-gesättigten Lösungen und überschüssigem Kieserit im Bodenkörper bzw. mit $MgSO_4$-untersättigten Lösungen. Der Ablauf der Reaktionen wurde bei 120 und 180 °C durch die Bildung von Anhydrit und Magnesit nachgewiesen. Untersuchungen der Gleichgewichtslösungen am Punkt 18 waren nicht möglich, da wegen der relativ guten Löslichkeit von Kieserit eine isotherme Lösungsentnahme erforderlich ist. Aus der Lage der Gleichgewichte in den Randsystemen kann die Lage des Punktes 18 jedoch für den hier in Frage kommenden Temperaturbereich in erster Näherung mit etwa 98 Mol-% $MgSO_4$ festgelegt werden.

Die Gründe für das Ausbleiben der Reaktionen 16 und 17 sind die gleichen wie die beim System Ca^{2+}-Mg^{2+}-CO_3^{2-}-Cl_2^{2-}-H_2O angeführten. Auch hier sind die Konzentrationen der Lösungen schon so klein (s. Zusammenstellung der Gleichgewichtsdaten), daß bei den vorliegenden Temperaturen aufgrund der Hydratation der in Lösung befindlichen Mg-Ionen die Bildung von Dolomit in der im Laboratorium zur Verfügung stehenden Zeit nicht mehr erfolgt. Die Reaktionen lassen sich jedoch z. B. bei 400 °C und 2000 Bar experimentell verwirklichen (persönliche Mitteilung von Dr. W. JOHANNES, Göttingen).

Die Gleichgewichtsdaten der Punkte 16 und 17 können für tiefere Temperaturen und kleinere Drucke durch Löslichkeitsmessungen ermittelt werden. Solche Messungen wurden von YANATYEVA (s. SEIDELL, 1958) mit Gips im Bodenkörper bis zu 70 °C angestellt. Der Autor dieser Monographie hat Löslichkeitsbestimmungen im Temperaturbereich von 50 bis 180 °C durchgeführt. Hierbei wurde der bei diesen Temperaturen stabile Anhydrit verwendet. Die Untersuchungen zeigen, daß die Menge der gesamten gelösten Substanz für das Gleichgewicht 16 kleiner ist als für das Gleichgewicht 17 (Abb. 16). Am Punkt 18 ist die Löslichkeit am größten. Sie entspricht hier etwa den Löslichkeiten der jeweils stabilen $MgSO_4$-Hydrate.

In den Abb. 21 und 26 ist die Temperaturabhängigkeit der Gleichgewichte 16 und 17 dargestellt. Für die Assoziation von Calcit, Dolomit und Anhydrit gilt: $\log m\,Ca^{2+}/m\,Mg^{2+} = -0,17 \cdot 10^3/T(°K) + 1,39$. Die Beziehung $\log m\,Ca^{2+}/m\,Mg^{2+} = -0,38 \cdot 10^3/T(°K) + 1,36$ drückt das Gleichgewicht zwischen Magnesit, Dolomit und Anhydrit aus.

Im NaCl-gesättigten System herrschen die gleichen Verhältnisse wie bei NaCl-Freiheit. Lediglich die Mengen des gelösten Ca^{2+}, Mg^{2+}, CO_3 und SO_4^{2-} haben sich erhöht und die Gleichgewichte sind zu etwas höheren Ca/Mg-Verhältnissen verschoben (Abb. 17, 21 u. 27). Für die Punkte 16 und 17 gelten die Beziehungen: $\log m\,Ca^{2+}/m\,Mg^{2+} = -0,16 \cdot 10^3/T(°K) + 1,41$ und $\log m\,Ca^{2+}/m\,Mg^{2+} = -0,37 \cdot 10^3/T(°K) + 1,39$.

k) $CaCO_3 - MgCO_3 - CaSO_4 - MgSO_4 - CaCl_2 - MgCl_2 - H_2O$

Die bisher beschriebenen Systeme bilden die Randsysteme des quinären Systems (Abb. 14) (USDOWSKI, 1964 b). Neue Bodenkörper treten nicht auf. Das System enthält isotherm und isobar 5 trivariante Räume, in denen Calcit (Raum $6-26-13-4-10-22-16-8$), Dolomit ($10-22-16-8-9-23-17-7$), Magnesit ($9-23-17-7-24-18-5-25-14-3$), Anhydrit ($26-13-22-16-23-17-24-18-19-15-20-11$) und $MgSO_4$-Hydrate ($24-18-25-14-21-12-19-$

15) zusammen mit quinären Lösungen stabil sind. Im Raum der Ca-Mg-Chloride (1 — 20 — 26 — 6 — 2 — 21 — 25 — 5) kann Tachhydrit auftreten, dessen Stabilitätsbereich sich auch hier kaum von dem im Randsystem $CaCl_2$-$MgCl_2$-H_2O unterscheiden

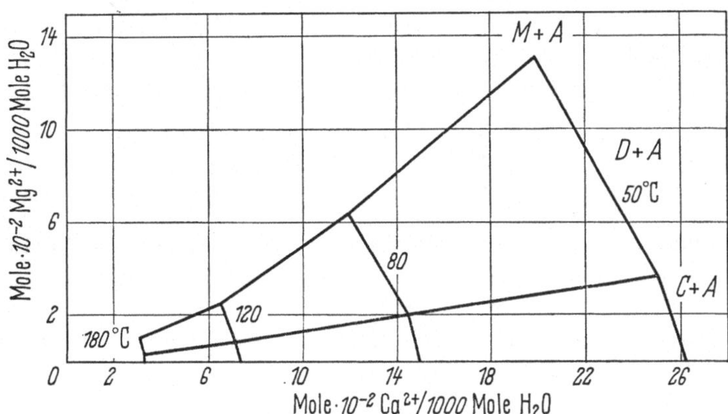

Abb. 26. Löslichkeiten und Stabilitätsbereiche von Calcit+Anhydrit, Dolomit+Anhydrit und Magnesit+Anhydrit in Gegenwart von CO_2. C: Calcit, M: Magnesit, D: Dolomit, A: Anhydrit

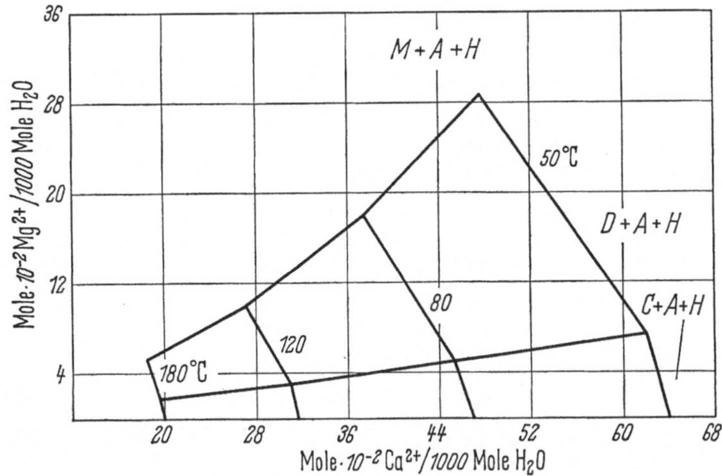

Abb. 27. Löslichkeiten und Stabilitätsbereiche von Calcit+Anhydrit, Dolomit+Anhydrit und Magnesit+Anhydrit in Gegenwart von Halit und CO_2. C: Calcit, M: Magnesit, D: Dolomit, A: Anhydrit, H: Halit

dürfte. An den divarianten Flächen sind Calcit und Anhydrit (26 — 22 — 16 — 13), Calcit und Dolomit (10 — 22 — 16 — 8), Dolomit und Anhydrit (22 — 23 — 17 — 16), Dolomit und Magnesit (9 — 23 — 17 — 7), Magnesit und Anhydrit (23 — 24 — 18 — 17), Anhydrit und $MgSO_4$-Hydrate (24 — 19 — 15 — 18) sowie Magnesit und $MgSO_4$-Hydrate (24 — 25 — 14 — 18) mit Lösungen im Gleichgewicht. Diese Flächen stoßen an 3 monovarianten Linien zusammen. Hier sind Calcit, Dolomit und Anhydrit (22 — 16), Dolomit, Anhydrit und Magnesit (23 — 17) und Magnesit, Anhydrit und $MgSO_4$-

Hydrate (24—18) stabil. Das System enthält für den Fall der Anwesenheit von Tachhydrit 5 invariante Punkte, von denen nur 3 in der Abb. 14 eingezeichnet sind. An diesen Punkten befinden sich gesättigte quinäre Lösungen im Gleichgewicht mit Ca-Mg-Chloridhydrat, Calcit, Anhydrit und Dolomit (22), Ca-Mg-Chloridhydrat, Dolomit, Magnesit und Anhydrit (23) sowie Ca-Mg-Chloridhydrat, Magnesit, Anhydrit und MgSO$_4$-Hydrat (24).

Experimentelle Untersuchungen liegen für folgende Reaktionen vor:

$$4\,CaCO_3 + MgSO_4 + MgCl_2 \rightleftarrows 2\,CaMg(CO_3)_2 + CaSO_4 + CaCl_2 \qquad (22)\;[4]$$

$$4\,MgCO_3 + CaSO_4 + CaCl_2 \rightleftarrows 2\,CaMg(CO_3)_2 + MgSO_4 + MgCl_2 \qquad (23)$$

$$2\,MgSO_4 + CaCO_3 + CaCl_2 \rightleftarrows 2\,CaSO_4 + MgCO_3 + MgCl_2 \qquad (24)$$

Diese Reaktionen wurden auf den monovarianten Linien 22—16, 23—17 und 24—18 in unmittelbarer Nähe der invarianten Punkte zwischen 120 und 180 °C durchgeführt. Das hierbei gebildete CaSO$_4$ lag als Anhydrit vor.

Die Bestimmung der Gleichgewichte 22 und 23 erfolgte in der gleichen Weise wie im System Ca^{2+}-Mg^{2+}-CO_3^{2-}-Cl_2^{2-}-H_2O. Aus den bereits erwähnten Gründen gelang auch im quinären System die Synthese von Dolomit unterhalb von 120 °C nicht. Bei dieser Temperatur mußte hier ebenfalls Aragonit als Ausgangsmaterial verwendet werden. Ferner gelang die Durchführung der Reaktionen ebenfalls nur in der Nähe der Stabilitätsfelder der Chloride. In der Nähe des quaternären Randsystems CaCO$_3$ CaSO$_4$-MgCO$_3$-MgSO$_4$-H$_2$O bildete sich aufgrund der großen Zahl hydratisierter Mg-Ionen kein Dolomit. Für die Reaktionen 22 und 23 wurden praktisch die gleichen Daten für den Gleichgewichtsfall erhalten wie für die entsprechenden Reaktionen (10 und 9) im quaternären Randsystem. Die außerordentlich ähnliche Lage der Gleichgewichte beruht auf der kleinen Löslichkeit von CaSO$_4$ in konzentrierten CaCl$_2$-MgCl$_2$-Lösungen. Auch die Temperaturabhängigkeit der Reaktionen ist daher in beiden Systemen identisch (Abb. 24).

Die Bestimmung des Gleichgewichts 24 erfolgte in der gleichen wie beim System CaSO$_4$-CaCl$_2$-MgSO$_4$-MgCl$_2$-H$_2$O beschriebenen Weise. Auch hier konnte die Reaktion nur bei 180 °C reversibel durchgeführt werden. Die Lage des Gleichgewichts 24 ist für verschiedene Temperaturen praktisch identisch mit der im Randsystem (Bestimmungen bei 180 und 120 °C, halbquantitative Messungen bei 80 und 50 °C).

Bei Sättigung an NaCl verschieben sich die Gleichgewichte der Reaktionen 22 und 23 etwas in Richtung auf ein größeres Ca/Mg-Verhältnis. Für die Temperaturabhängigkeit gelten die gleichen Beziehungen wie für die Gegenwart von Halit im System Ca^{2+}-Mg^{2+}-CO_3^{2-}-Cl_2^{2-}-H_2O.

3. Die isotherme Verdampfung

Bei der isothermen Verdampfung werden in der Natur in Gegenwart von Karbonaten oder CaSO$_4$ die stabilen Gleichgewichte nur annähernd oder überhaupt nicht erreicht. Im Laboratorium läßt sich eine Verdampfung, bei der sich die Gleichgewichte einstellen, ebenfalls nicht durchführen. Die Erörterung dieser Vorgänge ist jedoch für die zu behandelnden Umkristallisationen und für die Mineralreaktionen von Wichtigkeit.

---

[4] S. Fußnote [2] S. 33.

In den folgenden Ausführungen werden nur die wichtigsten Systeme besprochen, für die z. T. schematische Darstellungen verwendet worden sind. Diagramme mit den tatsächlichen Lagen der Gleichgewichte sind unübersichtlich. Die Vorgänge, die bei der isothermen Verdampfung ablaufen, werden durch die schematischen Diagramme jedoch richtig wiedergegeben, da die relativen Lagen der Gleichgewichte und der durch die Zusammensetzungen bestimmten invarianten Bereiche richtig dargestellt sind. Gleichgewichtsdaten dürfen aus den Darstellungen nicht abgelesen werden.

a) $CaCO_3$—$MgCO_3$—H_2O

Die Abb. 28 zeigt qualitativ eine isobare und isotherme Darstellung der Löslichkeitsverhältnisse im System $CaCO_3$-$MgCO_3$-H_2O. Sie ist für Temperaturen von 50 bis 180 °C gültig. Die Punkte 3 und 4 geben die Löslichkeiten in den Randsystemen

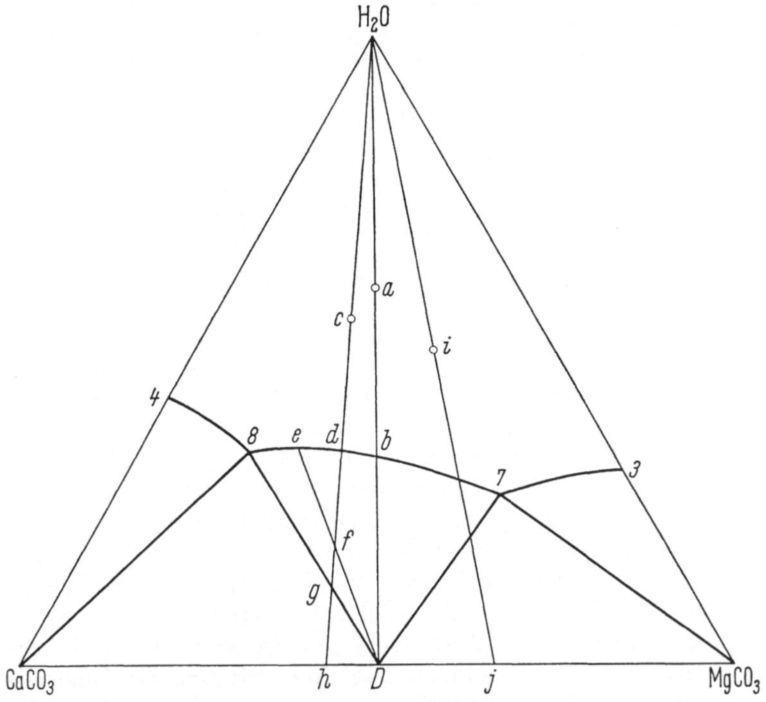

Abb. 28. Schematische Darstellung der isothermen Verdampfung im System Ca^{2+} — Mg^{2+} — CO_3^{2-} — H_2O. Die Linie $4-8-7-3$ liegt dicht am darstellenden Punkt des Wassers. $H_2O-4-8-7-3$: ungesättigte Lösungen, $4-8-CaCO_3$: Calcit + gesättigte Lösungen, $7-8-D$: Dolomit + gesättigte Lösungen, $7-3-MgCO_3$: Magnesit + gesättigte Lösungen, $CaCO_3-D-8$: Calcit + Dolomit + Lösung 8, $MgCO_3-D-7$: Magnesit + Dolomit + Lösung 7. D: darstellender Punkt des Dolomits

an. Man erkennt, daß durch Zugabe von $CaCO_3$ bzw. $MgCO_3$ zu Lösungen, die an Magnesit oder Calcit gesättigt sind, die Löslichkeit verändert wird. Die invarianten Punkte 7 und 8 stellen die Löslichkeit von Magnesit bzw. Calcit im Gleichgewicht mit Dolomit dar.

Eine Lösung der Zusammensetzung des Punktes a ist untersättigt. Wird durch Verdunsten isotherm Wasser entzogen, ändert sich die Zusammensetzung entlang der Linie $a-b$. Am Punkt b ist die Sättigungskonzentration erreicht. Bei weiterem Eindunsten ändert sich die Gesamtzusammensetzung (Lösung + Festkörper) unter Abscheiden von Dolomit entlang $b-D$. Am Punkt D ist das gesamte H_2O verdampft und es liegt nur Dolomit vor. Da am Punkt b Dolomit im Gleichgewicht mit einer gesättigten Lösung steht, in der wie im Festkörper das Ca/Mg-Verhältnis = 1 ist, löst sich Dolomit kongruent.

Eine Lösung mit der Zusammensetzung des Punktes c (Ca/Mg > 1) erreicht bei d die Sättigungskonzentration. Bei weiterem Eindunsten scheidet sich Dolomit ab. Hierdurch ändert sich die Zusammensetzung der Lösung entlang der Linie $d-e-8$. Hat sie die Zusammensetzung e erreicht, liegt die Gesamtzusammensetzung bei f. Wird die Verdunstung fortgesetzt, ändert die Lösung die Zusammensetzung bis Punkt 8 erreicht ist. Gleichzeitig hat sich die Gesamtzusammensetzung von f nach g bewegt. Bei weiterer Verdampfung bleibt die Lösungszusammensetzung konstant (Punkt 8). Die Gesamtzusammensetzung durchläuft das invariante Dreieck $CaCO_3-D-8$ auf der Linie $g-h$ und es scheiden sich Calcit und Dolomit gemeinsam aus der Lösung ab. Wenn alles vertrocknet ist, liegt ein Gemenge von Calcit und Dolomit vor, dessen Zusammensetzung durch den Punkt h bestimmt ist.

Aus einer Lösung der Zusammensetzung i (Ca < Mg) werden in gleicher Weise zuerst Dolomit und am Punkt 7 Dolomit und Magnesit abgeschieden.

b) $CaCO_3-MgCO_3-CaSO_4-MgSO_4-H_2O$

In der Abb. 29 sind die Verhältnisse für 80 °C qualitativ dargestellt. Die Bodenkörperassoziation Calcit-Dolomit-Anhydrit (Punkt 16) löst sich kongruent, da die Gleichgewichtslösung innerhalb des Dreiecks $CaCO_3$-$CaSO_4$-D liegt. Das Gleichgewicht zwischen Dolomit, Magnesit und Anhydrit (Punkt 17) befindet sich nicht im Dreieck $CaSO_4$-$MgCO_3$-D, sondern im Dreieck $CaSO_4$-$MgCO_3$-$MgSO_4$. Diese Bodenkörperassoziation löst sich daher inkongruent.

Bei der isothermen Verdampfung der im Dolomitfeld liegenden Lösung a scheidet sich bei Überschreiten der Sättigungskonzentration am Punkt a Dolomit aus. Die Zusammensetzung der Lösung ändert sich hierdurch entlang der Linie $a-b$. Am Punkt b beginnt die Abscheidung von Calcit. Die Kristallisation schreitet auf der Linie $b-16$ unter gemeinsamer Abscheidung von Dolomit und Calcit fort bis der Punkt 16 erreicht ist. Hier kristallisiert auch Anhydrit, und die Zusammensetzung der Lösung ändert sich nicht mehr.

In der gleichen Weise bilden sich bei der Verdampfung einer Lösung der Zusammensetzung c zuerst Dolomit, dann Dolomit und Magnesit und schließlich Dolomit, Magnesit und Anhydrit. Die Lösung vertrocknet am Punkt 17.

Die Gleichgewichte 16 und 17 wurden deshalb erreicht, weil die Ausgangszusammensetzungen der Lösungen a und c in den zu 16 und 17 gehörenden Dreiecken lagen. Eine Lösung der Zusammensetzung d liegt zwar auch im Dolomitfeld, jedoch gleichzeitig im Zusammensetzungsdreieck $CaSO_4$-$MgCO_3$-$MgSO_4$. Die isotherme Verdampfung muß daher zum Gleichgewicht 18 führen. Bei der Verdunstung scheidet sich zunächst Dolomit aus. Am Punkt e wird die Phasengrenze zwischen Dolomit und Magnesit erreicht und beide Bodenkörper kristallisieren gemeinsam. Bei Erreichen des

Punktes 17 scheidet sich auch Anhydrit ab. Gleichzeitig geht Dolomit wieder in Lösung. Die Lösungszusammensetzung bleibt so lange konstant bis kein Dolomit mehr vorhanden ist. Anschließend schreitet die Kristallisation auf der Linie 17—18

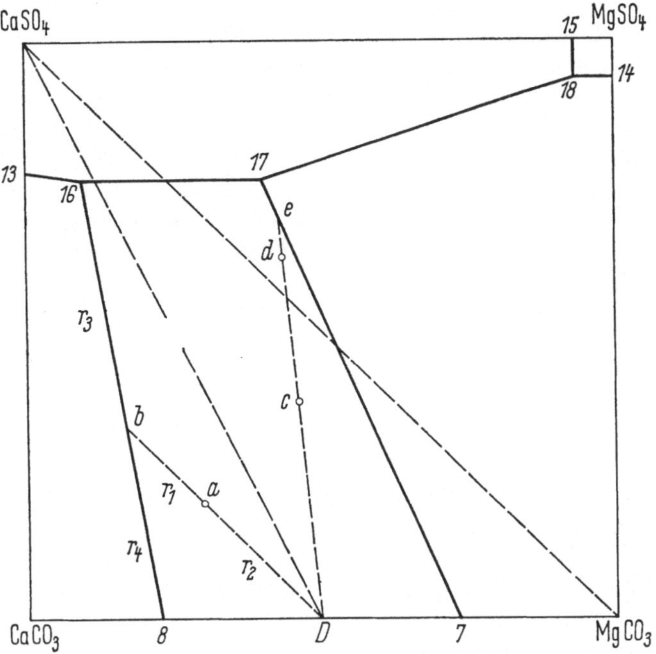

Abb. 29. Schematische Darstellung der isothermen Verdampfung im System Ca²⁺—Mg²⁺— CO₃²⁻—SO₄²⁻—H₂O. D: Darstellender Punkt des Dolomits. r_1, r_2, r_3 und r_4 sind den Mengen von abgeschiedenen Festkörpern und verbleibenden Restlösungen proportional

unter Abscheidung von Magnesit und Anhydrit fort bis sich am Punkt 18 auch MgSO₄-Hydrat bildet und die Lösung mit konstanter Zusammensetzung vertrocknet.

Die Ermittlung der Mengen von jeweils gebildetem Bodenkörper und Restlösung kann graphisch durchgeführt werden. Aus der Lösung a scheiden sich bei der Kristallisation bis zum Punkt b $m_1 = r_1/(r_1+r_2)$ Mole Dolomit ab. Es bleiben $m_2 = r_2/(r_1+r_2)$ Lösung übrig. Bei der weiteren Abscheidung sind bis zum Punkt 16 aus der Restlösung $m_3 = r_3/(r_3+r_4)$ Mole Bodenkörper und $m_4 = r_4/(r_3+r_4)$ Lösung entstanden.

c) $CaCO_3 - MgCO_3 - CaSO_4 - MgSO_4 - CaCl_2 - MgCl_2 - H_2O$

Die isotherme Verdampfung im quinären System läßt sich am besten an Hand eines Raummodells verfolgen. Unter der Annahme, daß auch im quinären System Tachhydrit auftritt, können Lösungen an 5 Punkten zur Trockne gelangen. Welches der Gleichgewichte bei der Verdampfung erreicht wird, hängt von der Zusammensetzung der Ausgangslösung ab. Quantitative Beziehungen zwischen abgeschiedenen Bodenkörpern und noch vorhandener Lösung lassen sich auch im Raummodell durch Ausmessen der Kristallisationsbahnen ermitteln.

Für die Darlegung der isothermen Verdampfung in einer ebenen Darstellung müssen Projektionen des Raummodells verwendet werden. Es sind für eine umfassende Übersicht 3 Darstellungen notwendig. Sie werden durch Projektionen von einer Kante des Systems, mit der Kante als Perspektivitätslinie, auf die jeweils gegenüberliegende Seite des Systems gewonnen. Man betrachtet hierbei Vorgänge auf solchen Flächen, an denen sich die an der Perspektivitätskante und der gegenüberliegenden Fläche befindlichen Räume berühren. So gelangt z. B. mit $CaCO_3 - MgCO_3$ als Projektionslinie die Fläche 6 — 5 — 25 — 14 — 13 — 26 (Abb. 14) zur Darstellung. Die Mengen von jeweils abgeschiedenen Festkörpern und verbleibender Lösung lassen sich auch in der Projektion graphisch ermitteln. Es werden allerdings nur die Vorgänge erfaßt, die an den projizierten Sättigungsflächen ablaufen. Die Mengen von Festkörpern und Lösungen, die sich vor Erreichen der Flächen ergeben, können graphisch nur im Raummodell oder rechnerisch unter Verwendung der Gleichgewichtsdaten bestimmt werden.

VI. Anwendungsbereich der Systeme

Die Vorgänge, die zur Bildung von Karbonatgesteinen führen, sind verschiedener Art. Im sedimentären Bereich herrscht die Karbonatabscheidung aus Lösungen durch Überschreiten des Löslichkeitsproduktes vor. Karbonate können hier rein anorganisch, ausschließlich auf biogenem Weg oder unter der Mitwirkung von Organismen gebildet werden. Sehr frühzeitig und oft schon im unverfestigten Sediment und unmittelbar nach der Ablagerung kann die Diagenese einsetzen. Die in den vorangegangenen Abschnitten beschriebenen Systeme gestatten, die Vorgänge bei der Bildung und Umbildung karbonatischer Gesteine über ein großes Temperaturintervall vom sedimentären über den diagenetischen bis in den metamorphen Bereich zu verfolgen. Grundsätzliche Änderungen in den Verhältnissen treten erst dann ein, wenn die Karbonate thermodynamisch instabil werden. Diese Vorgänge lassen sich nicht mehr mit Hilfe der Lösungsgleichgewichte erfassen, sondern müssen an Hand von Mineralreaktionen, die während der Metamorphose stattfinden oder auf der Grundlage der Ca-Mg-Karbonat-Oxyd- und -Hydroxyd-Gleichgewichte behandelt werden.

Bei der Anwendung der hier vorliegenden Systeme auf natürliche Verhältnisse muß beachtet werden, daß die Untersuchungen unter Drucken durchgeführt wurden, die etwa den Sättigungsdrucken der Lösungen entsprechen. Ein Vergleich verschiedener Isothermen geschieht daher nicht isobar sondern polybar. Ferner muß beachtet werden, daß die bei der Diagenese wirksamen Drucke größer sein können als die Sättigungsdrucke. Weitere Einflüsse sind durch differentiellen Druck und durch noch nicht berücksichtigte Lösungsgenossen zu erwarten. Die Systeme sind also in gleicher Weise wie die experimentell ermittelten Systeme magmatischer Schmelzgleichgewichte, metamorpher Prozesse und die Systeme der Salzlagerstätten nur als Modelle aufzufassen. Abweichungen zwischen dem Modell und der Naturbeobachtung dürften auch hier, neben dem Auftreten metastabiler Zustände, darauf zurückzuführen sein, daß die Gesteinsbildung meist nicht nur auf einem sondern auf mehreren Vorgängen beruht.

VII. Karbonatbildung im sedimentären Bereich

Es wird ausschließlich die Entstehung von Karbonaten aus dem Meerwasser berücksichtigt. Die terrestre Karbonatbildung spielt mengenmäßig eine untergeordnete Rolle.

1. Biogene Karbonate

Die biogene Karbonatabscheidung ist mit einem nicht unbeträchtlichen Anteil an der Karbonatbildung beteiligt. Eine Abschätzung der Mengen von biogen und anorganisch entstandenem Material ist schwierig. Häufig werden schon unmittelbar nach der Sedimentation $CaCO_3$-Bestandteile von Organismen aufgearbeitet und zerstört. Weitere Veränderungen, wie z. B. die Umkristallisation, finden während der Diagenese statt, so daß das wesentliche Merkmal biogener Karbonate, die äußere Form der Organismen, oft vollständig verschwinden kann.

Die Vorgänge bei der organischen Karbonatbildung unterscheiden sich prinzipiell nicht von denen der anorganischen. Auch die biogene Karbonatentstehung muß als Gleichgewicht zwischen Festkörpern und Lösungen aufgefaßt werden. Die Organismen nehmen die zur Ausbildung der Hartteile erforderlichen Ionen aus der umgebenden Lösung auf und scheiden sie als Karbonate ab, wenn die Sättigungskonzentration in der Körperflüssigkeit erreicht ist. Nur dadurch, daß die Karbonatgleichgewichte, die zur Ausbildung der Hartteile führen, durch die Physiologie der Organismen gesteuert werden, ist es zu erklären, daß Karbonatschaler auch in an $CaCO_3$-untersättigten Lösungen in der Lage sind, ihre Schalen aufzubauen (CORRENS, 1950).

Bei der biogenen Karbonatbildung können Calcite, Mg-haltige Calcite mit maximal $30^0/_0$ $MgCO_3$ (MÄGDEFRAU, 1933, CHAVE, 1952, 1954) und Aragonit gebildet werden. Auch Vaterit soll in den Hartteilen auftreten. Alle Karbonatteile, die nicht ausschließlich aus Calcit aufgebaut werden, dürften metastabile Bildungen sein.

2. Unter der Mitwirkung von Organismen gebildete Karbonate

Die anorganische Kalkabscheidung kann durch Organismen beeinflußt werden indem organische Zerfallsprodukte wie H_2S, CO_2 und NH_3 durch pH-Änderungen die Löslichkeitsverhältnisse der Karbonate variieren. Ferner kann die Photosynthese wirksam sein. Eine hierdurch hervorgerufene Abscheidung von Karbonaten kann zuweilen recht große Areale spontan erfassen. Sogenannte „whitings" im Gebiet der Bahama-Inseln und im Persischen Golf werden auf die sprunghafte Vermehrung von Organismen (im Persischen Golf vermutlich Diatomeen) zurückgeführt (CLOUD, 1962; WELLS u. ILLING, 1963).

3. Anorganische Karbonatabscheidung

Anorganische Karbonatbildung tritt dann ein, wenn die Sättigungskonzentration der Karbonate auf rein anorganischem Weg überschritten wird. Dieser Fall liegt im allgemeinen dann vor, wenn karbonathaltigen Lösungen durch Verdunstung Wasser entzogen wird, oder wenn derartige Lösungen in Flachwasserbereiche gelangen, hier schnell erwärmt werden, und so eine Verringerung des CO_2-Gehalts eintritt. Die anorganische Karbonatabscheidung gehorcht jedoch nicht unbedingt den Lösungsgleichgewichten. In sehr vielen Fällen sind übersättigte Lösungen überaus beständig und die Übersättigung wird auch in der Brandung nicht immer durch bereits vorhandene Karbonatpartikel (z. B. Organismenreste, homogene Keimbildung) aufgehoben.

VIII. Bereiche der Dolomitbildung

Bei der rezenten organischen und anorganischen Karbonatabscheidung gelangt im wesentlichen $CaCO_3$ zur Ablagerung. $MgCO_3$ wird nur in untergeordneten Mengen in $CaCO_3$ eingebaut. Ein Blick auf die Karbonatgesteine der geologischen Vergangenheit zeigt jedoch, daß es trotzdem in Sedimenten zur Bildung von Dolomit gekommen ist. Die Dolomitbildung muß ohne wesentliche Änderungen des Aktualitätsprinzips erklärt werden können. Grundsätzlich andere Verhältnisse dürfen nur für die hier nicht zur Erörterung stehenden frühen Stadien der Erde angenommen werden.

Die erste umfassende Zusammenstellung der Problematik der Dolomitgenese ist von VAN TUYL (1916) gegeben worden. Eine neuere Übersicht und Auswertung des Beobachtungsmaterials hat FAIRBRIDGE (1957) durchgeführt. Die Abb. 30 zeigt einen

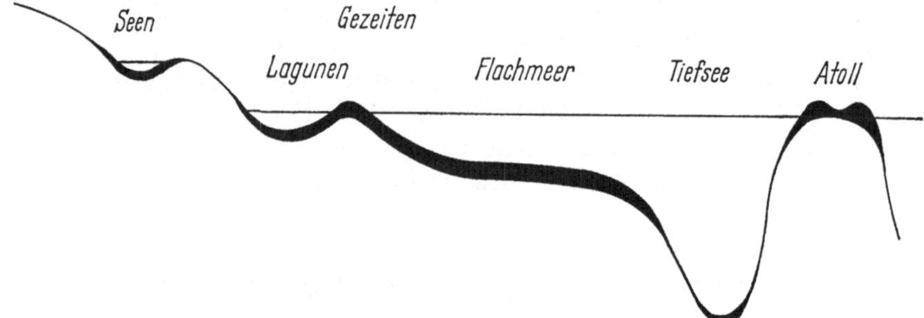

Abb. 30. Bereiche der frühdiagenetischen Dolomitbildung

Schnitt durch den oberen Teil der Erdkruste mit Arealen, in denen ausweislich geologischer Beobachtungen eine Dolomitbildung stattgefunden hat oder vermutet wird.

Die Oberflächenbildungen des kontinentalen Bereichs sollen nicht erörtert werden, da die hier herrschenden Verhältnisse durch den noch nicht bearbeiteten Raum des senären Systems beschrieben werden müssen und diese Bereiche auch mengenmäßig zurücktreten.

Die Dolomitbildung in Lagunen ist eine durch Beobachtungen an rezenten und älteren Sedimenten gesicherte Tatsache. In gleicher Weise darf auch die Entstehung von Dolomit im Gezeitenbereich als feststehend angesehen werden. Faziell verschieden, jedoch prinzipiell äquivalent, erweist sich die Dolomitbildung oberhalb der mittleren Hochwasserlinie von Atollen und Riffen. Das gleiche gilt auch für die tieferen, dolomitisierten Teile der Atolle, die als ehemalige Atollspitzen aufgefaßt werden müssen. Auch hier liegen rezente Beispiele und älteres Beobachtungsmaterial vor.

Im Bereich der Tiefsee findet eine Dolomitbildung größeren Ausmaßes nicht statt. Rezent sind nur vereinzelt kleine, authigene Dolomit-, Siderit- und Breunnerit-kristalle beobachtet worden, deren Genese z. T. auf die Tätigkeit untermeerischer Vulkane zurückgeführt werden kann (CORRENS, 1950; BONATTI, 1966). Auch ältere Gesteine lassen nicht erkennen, daß sich Dolomit in größeren Mengen im Tiefenbereich gebildet hat.

Problematisch ist die Fixierung von Mg in Karbonaten im Flachmeerbereich vor der Küste. Rezente Dolomitbildungen dieser Art von größerem Ausmaß sind nicht bekannt. Der einzige rezente Vorgang, der hier zur Mg-Akkumulation führt, ist die Sedimentation von organisch gebildeten Mg-Calciten. Die Existenz älterer Dolomite in Wechsellagerung mit marinen Kalken und anderen Sedimenten hat Anlaß gegeben, zu vermuten, daß derartige Dolomite am Meeresboden praktisch gleichzeitig mit der Sedimentation (penecontemporaneous) durch Reaktion von $CaCO_3$ mit dem Meerwasser entstanden sind. Mg-Calcite sollen die Reaktion einleiten. Diese Auffassung wird dadurch gestützt, daß in rezenten Flachmeeren (Bucht von Neapel, MÄGDEFRAU, 1933) der $MgCO_3$-Gehalt im Sediment mit der Tiefe steigt und daß nach Versuchen von RIVIERE (1941) $CaCO_3$ aus dem Meerwasser Mg-Ionen aufnehmen soll (s. jedoch S. 34). Das vorliegende Beobachtungsmaterial reicht jedoch noch nicht aus, um verbindlich aussagen zu können, daß zwischen $CaCO_3$-Sedimenten und Meerwasser normaler Zusammensetzung ein Austausch unter Bildung von Dolomit besteht. Nach dem Stand der heutigen Kenntnisse muß angenommen werden, daß Dolomite nur in verändertem, stärker als normal konzentrierten Meerwasser gebildet werden. Einer Wechselfolge von Dolomit und marinen Kalken würde demnach eine wechselnde Konzentration des Meerwassers entsprechen, deren Ursache eine periodische Abschnürung eines Flachmeers vom freien Ozean ist. Die Fossilarmut und primär sedimentäre, für den Gezeitenbereich charakteristische Texturen in derartigen Dolomitgesteinen sprechen für die Einengung eines Beckens durch Verdunstung. Sie lassen somit ähnliche Verhältnisse wie bei der Dolomitgenese im paralischen Bereich erkennen.

Es erscheint zweckmäßig, die durch Konvergenzerscheinungen verknüpfte Dolomitbildung im Bereich der Atolle, Flachmeere, Gezeiten und Lagunen unter dem Begriff frühdiagenetische Dolomitentstehung zusammenzufassen. Werden mit dem Begriff Diagenese die Vorgänge der Mineralumbildung und -neubildung erfaßt, die unmittelbar nach der Sedimentation einsetzen und sich bis zum Beginn der Metamorphose erstrecken, sollen unter Frühdiagenese alle Vorgänge im unverfestigten oder nur schwach verfestigten Sediment verstanden werden.

Wenn auch die Entstehung von Dolomit im Verlauf der Frühdiagenese durch Untersuchungen an rezenten und alten Sedimenten gesichert ist, darf nicht übersehen werden, daß auch in frühdiagenetisch entstandenem Dolomit andere Einflüsse zu bemerken sind, und daß eine Reihe von Dolomitgesteinen existiert, deren Genese nicht frühdiagenetisch ist. Es handelt sich gewöhnlich um ältere, meist präkambrische bis mesozoische Gesteine mit Mächtigkeiten bis zu Zehnern von Metern, die fast gleichmäßig vom Liegenden bis zum Hangenden vollkommen aus Dolomit bestehen oder nur wenig Calcit enthalten. Sie erstrecken sich über große Gebiete und ihre Zusammensetzung ist auch über große Entfernungen konstant. Keines dieser Gesteine ist der Metamorphose unterworfen worden. Daneben existieren Dolomite, die mit Kalksteinen vergesellschaftet sind, und bei denen die Berührungsflächen Kalkstein-Dolomit die ursprüngliche Schichtung schneiden. Ferner kommen Kalke vor, die größere oder kleinere Einlagerungen von Dolomit in verschiedenen Formen und Größen enthalten. Alle diese Dolomite lassen somit erkennen, daß sie während der Spätdiagenese aus Kalksteinen gebildet wurden (TWENHOFEL, 1932). Ebenfalls als spätdiagenetisch erweisen sich eine Reihe von Calcitgesteinen, die aus bereits verfestigten Dolomiten durch eine Dedolomitisierung hervorgegangen sind. Unter Spätdiagenese sollen die Gesteinsumbildungen verstanden werden, die im bereits verfestigten Sediment zwischen der Früdiagenese und der Metamorphose erfolgen.

IX. Frühdiagenese

1. Petrographie rezenter Ca-Mg-Karbonate

Rezente Dolomite wurden aus verschiedenen Gebieten der Erde beschrieben. Sie müssen als frühdiagenetische Bildungen angesprochen werden. WELLS (1962) fand in der Umgebung der Halbinsel Qatar (Persischer Golf) im Gezeitenbereich von Lagunen mit durchschnittlich $5^0/0$, maximal $10^0/0$, Salzgehalt karbonatische Sedimente, die in unmittelbarer Wassernähe zu $80—95^0/0$ aus Aragonit bestehen. Der Aragonit ist als Präzipitat des Meerwassers aufzufassen. Im höher gelegenen Gezeitenbereich nimmt der Aragonitgehalt der Karbonatfraktion landeinwärts ab, und Dolomit tritt auf. Das Sediment enthält hier bereits einige Prozente Gips. In noch weiter landwärts gelegenen Teilen liegen nur noch Gips und Dolomit vor. Die Salinität der Porenwässer beträgt etwa $28^0/0$. Der Dolomit ist ein Protodolomit mit der Zusammensetzung Ca_{54}, Mg_{46}. CURTIS, EVANS, KINSMAN u. SHEARMAN (1963) haben etwa 200 Meilen östlich der Qatar-Halbinsel im Scheichtum Abu Dhabi an einem Sedimentkern aus dem höher gelegenen Teil der Küstenebene beobachtet, daß ein Anhydrit-Aragonit-Sediment zum Liegenden in ein Halit-Dolomit-Aragonit-Sediment übergeht. Weitere Untersuchungen von KINSMAN (1964) zeigen, daß ähnliche Verhältnisse entlang der ganzen Ausdehnung der Küste zwischen der Qatar-Halbinsel und Oman (Trucial Coast) herrschen. Der hier vorliegende Dolomit ist ebenfalls ein Protodolomit. Außer den bereits erwähnten Mineralen wurden noch Gips, Cölestin und Magnesit gefunden. Die Küstenebene wird selten vom Meer überflutet und die jährliche Niederschlagsmenge ist sehr klein. Das Sediment hat eine durchschnittliche Temperatur von 35 °C. Die Porenlösungen ($Mg^{2+}/Ca^{2+} \sim 11$) werden aus den benachbarten Lagunen (Salzgehalt: $5—6^0/0$) geliefert und verdunsten an der Sedimentoberfläche.

Andere rezente Dolomitbildungen sind von den Bahama-Inseln und den Florida-Keys bekannt (SHINN, 1964; SHINN, GINSBURG u. LLOYD, 1964). Der Dolomit entsteht auch hier in Gebieten, die etwas über der mittleren Hochwasserlinie liegen. Überflutungen durch die Gezeiten und landwärts gerichtete Stürme bringen marine, dolomitfreie Karbonate (im wesentlichen Reste von Kalkorganismen) zur Ablagerung, die bereits schon einmal in einiger Entfernung von der Küste sedimentiert wurden. Der Dolomit entsteht offenbar während der folgenden Austrocknung. Die Dolomitkristalle haben eine Korngröße von $< 3\,\mu$. Es handelt sich auch hier um Protodolomite (Ca_{60}, Mg_{40} für Sugarloaf Key, Florida). Die Porenwässer haben eine Salinität von etwa 20%. Das Mg/Ca-Verhältnis der Lösungen beträgt etwa 40 (Florida Keys).

Weitere rezente Dolomite sind auf der Insel Bonaire (Niederländische Antillen) beobachtet worden (DEFFEYES, LUCIA u. WEYL, 1964). Das Südende der Insel liegt etwa im Niveau des Meeres und enthält mehrere hypersaline Seen. Die rezenten, weichen Karbonatsedimente dieses Gebietes bestehen aus Aragonit, Calcit und Dolomit. Der Dolomitgehalt der Sedimente kann bis auf 95% ansteigen. Die Korngröße beträgt etwa 2 μ, und die Zusammensetzung variiert von Ca_{54}, Mg_{46} bis Ca_{56}, Mg_{44}. Analysen von Porenlösungen und Wässern aus den hypersalinen Seen zeigen im Durchschnitt ein Mg/Ca-Verhältnis von 30. Meerwasser, das dieses Gebiet episodisch überflutet, verdunstet hier, konzentriert sich bis zur $CaSO_4$-Abscheidung und wird unterirdisch dem Meer zurückgeführt. Die gleichen Vorgänge dürften auch für die Bildung von Protodolomit in den Atollen des Pazifiks maßgebend sein. Auch hier wird eine Konzentrierung von Meerwasser oberhalb der mittleren Hochwasserlinie und ein Rückfluß der Lösungen angenommen (BERNER, 1965).

Auch in Süd-Australien wurden rezente Dolomitsedimente im Gebiet der Younghusband-Halbinsel (Coorong-Lagune) beobachtet (ALDERMAN, 1959; ALDERMAN u. VON DER BORCH, 1960, 1961, 1963; ALDERMAN u. SKINNER, 1957; VON DER BORCH, 1965; SKINNER, 1963). Die Coorong-Lagune erstreckt sich parallel zur Küste etwa in N-S-Richtung. In der südlichen Verlängerung liegt eine Kette von kleinen, sehr flachen Seen, die offenbar noch in historischer Zeit von Süden nach Norden fortschreitend, von der Lagune abgeschnürt wurden. Noch älteren Datums sind Seen, die parallel zu dieser Kette und der Lagune weiter landeinwärts angeordnet sind. Die Lagune führt während des ganzen Jahres Wasser. Die Seen bilden sich und vergehen im Wechsel von Trocken- und Regenzeiten. Der karbonatische Mineralinhalt der Seen zeigt eine auffällige Abhängigkeit vom Alter der Gewässer (Tab. 3). Mit zunehmendem Alter des Orts der Genese werden die Karbonate Mg-reicher. Im gleichen Sinn ändert sich auch das Mg/Ca-Verhältnis der Lösungen. Die zeitliche Abfolge der Mg-Anreicherung entsteht dadurch, daß im Wechsel von Regen- und

Tabelle 3. *Abhängigkeit der Karbonate vom Alter im Coorong-System, Australien (nach* V. D. BORCH, *1965)*

	Lokalität	Karbonate	Mg/Ca der Lösung
zunehmendes Alter	Lagune	Aragonit + Mg-Calcit	2,5 — 4,0
	Seen in der Verlängerung der Lagune	Protodolomit + Mg-Calcit	4,0 — 6,0
	Randliche Seen	Dolomit [1]	8 — 9
		Dolomit [2] + Magnesit	16
		Aragonit + Hydromagnesit	20

[1] Besser geordneter Dolomit, Spuren von Überstrukturlinien.
[2] Schlecht geordneter Dolomit, keine Überstrukturlinien.

Trockenzeiten den Seen im wesentlichen Ca entzogen wird, während Ca und Mg in einem konstanten Verhältnis nachgeliefert werden. Ältere, bereits frühzeitig von der Lagune getrennte Seen haben daher ein größeres Mg/Ca-Verhältnis als jüngere.

Die hier angeführten Vorkommen von Dolomit sind ohne Zweifel rezent. Altersbestimmungen nach der C[14]-Methode ergaben für zwei Proben von Bonaire Alter von 1500 und 2200 Jahren. Für die schlecht geordneten Ca-Mg-Karbonate des Coorong-Systems bestimmten SKINNER, SKINNER u. RUBIN (1963) in der Oberflächenschicht ein Alter von weniger als 1200 Jahren. An einer Schicht aus etwa 50 cm Tiefe wurden 3000 ± 600 Jahre gemessen. Der besser geordnete Dolomit ist an der Sedimentoberfläche 300 ± 250 Jahre und in einer Tiefe von etwa 50 cm 2000 ± 250 Jahre alt (VON DER BORCH, RUBIN u. SKINNER, 1964). Die Karbonatbildungsgeschwindigkeit wird im Coorong-System mit etwa 0,2 mm/Jahr berechnet. An den Protodolomiten der Florida Keys wurde an Material aus der Oberflächenschicht ein Alter von etwa 300 Jahren und in 10 cm Tiefe ein Alter von ungefähr 900 Jahren gemessen. Für terrestre Ablagerungen bestimmten PETERSON, BIEN und BERNER (1963) an Protodolomiten der Sedimentoberfläche des Deep Spring Lake, Kalifornien, ein C[14]-Alter von 290 Jahren.

Vorgänge, die bei der rezenten Dolomitbildung beobachtet wurden, sind auch in der geologischen Vergangenheit wirksam gewesen. FORBES (1960, 1961) beschrieb Dolomit-Magnesit-Sedimente eines ehemaligen Küstenbereiches aus dem Adelaide-System, Australien (Proterozoikum), deren Genese ähnlich wie die rezenter Ca-Mg-Karbonate aufgefaßt werden kann. DEFFEYES u. Mitarb. (1964) machten wahrscheinlich, daß der gleiche Vorgang, der heute auf der Insel Bonaire zur Dolomitbildung führt, bereits im Pleistozän wirksam gewesen ist. Faziell verschieden, aber genetisch äquivalent, sind terrestre Bildungen der Great Salt Lake Desert, Utah (GRAF, EARDLEY und SHIMP, 1961, BISSEL und CHILINGAR, 1962), die ebenfalls eine große Ähnlichkeit mit rezenten Vorkommen haben. Die im wesentlichen unverfestigten und nur bis zu einer Tiefe von wenigen Dezimetern reichenden Sedimente bestehen aus Calcit, Aragonit, Dolomit und Magnesit. Außerdem kommen untergeordnete Mengen an Halit vor. Der Dolomit hat ein Ca/Mg-Verhältnis von 1. Er ist jedoch schlecht geordnet. Der Magnesit zeigt eine Gitteraufweitung, die auch an rezenten Bildungen beobachtet wurde (Australien) und auf die Einlagerung von H_2O zurückgeführt wird. Das Alter dieser Sedimente wurde mit 11 300 Jahren nach der C[14]-Methode bestimmt. Sie nehmen eine Stellung zwischen rezenten und älteren, bereits verfestigten Sedimenten ein und entstanden im Zusammenhang mit der Austrocknung des pleistozänen Lake Bonneville. Wie aus dem Auftreten von Halit und der Abwesenheit organischer Lebensspuren hervorgeht, handelt es sich auch hier um Bildungen in einer salinaren Umgebung.

Mit einer gründlichen mineralogischen Untersuchung rezenter Karbonatsedimente wurde erst in neuerer Zeit begonnen und es ist daher anzunehmen, daß sich im Lauf der Zeit die Beispiele rezenter Dolomitbildungen noch häufen werden. Die bereits vorliegenden Untersuchungen reichen jedoch schon aus, um Aussagen über das Entstehungsprinzip zu machen. Der Dolomit rezenter Sedimente ist im allgemeinen ein Protodolomit. Gelegentlich treten Übergänge zu geordneten Kristallen auf. Die Dolomite bilden sich an Küstenstreifen in Bereichen, die etwas oberhalb der mittleren Hochwasserlinie liegen. Im Zusammenhang mit der Genese steht die Konzentrierung und Veränderung von Meerwasser, das durch gelegentliche Überflutungen oder durch den Porenraum des Sediments herangeführt wird. Paragenetische Minerale der Dolomitbildung können Gips, Anhydrit, Cölestin, Halit, Hydromagnesit und Magnesit sein. Alle Untersuchungen zeigen, daß der Dolomit nicht durch eine Fällung entsteht, indem das Löslichkeitsprodukt überschritten wird, sondern, daß organisch oder anorganisch gebildete authigene oder detritische Calcite, Mg-Calcite und Aragonite durch Mg-Aufnahme aus den Lösungen in Dolomit umgewandelt werden. Der auf diese Weise gebildete Dolomit kann, wenn er mit der Lösung in Berührung bleibt, seinen Ordnungsgrad verbessern und weiterwachsen. Die Reaktions- und Wachstumsgeschwindigkeiten liegen in der Größenordnung von 10^2 Jahren.

2. Gleichgewichte und Mineralreaktionen

Die petrographischen Beobachtungen rezenter Dolomitbildungen lassen sich mit Hilfe der Lösungsgleichgewichte des quinären und senären Systems verfolgen. Wenn auch die Gleichgewichte für die hier in Frage kommenden Temperaturen nicht gut bekannt sind, kann die Genese von Ca — Mg-Karbonaten mit den vorhandenen Daten doch so weit verfolgt werden, daß ein qualitatives Verständnis ermöglicht wird. Die aus den Systemen abgeleiteten Assoziationen und die beobachteten Mineralparagenesen stimmen überein, wenn für die in den Reaktionsgleichungen verwendeten Formeleinheiten $CaCO_3$, $CaMg(CO_3)_2$, $MgCO_3$ und $CaSO_4$ die zum Teil instabilen Phasen Aragonit, Mg-Calcit, Calcit, Protodolomit, Dolomit, Magnesit, Magnesium-Karbonat-Hydrate und Gips oder Anhydrit eingesetzt werden.

Bei der isothermen Verdunstung sollte sich unter stabilen Verhältnissen aus dem Meerwasser Dolomit abscheiden (KRAMER, 1959). In der Abb. 31 soll a der darstellende Punkt des Meerwassers im quinären oder senären System sein. Die tatsächlichen Koordinaten dieses Punkts im Raum des Dolomits sind nicht berücksichtigt, weil sonst die Darstellung der zu betrachtenden Vorgänge unübersichtlich wird. Da die Lage des Gleichgewichts $9 - 23 - 17 - 7$ nicht ausreichend bekannt ist, müssen zwei Fälle erörtert werden. Durch eine Dolomitabscheidung ändert sich die Zusammensetzung der Lösung a im Raum $10 - 22 - 16 - 8 - 9 - 23 - 17 - 7$ entlang der Linie $a - b$ bis die Phasengrenze $MgCO_3 - CaMg(CO_3)_2$ erreicht wird (Punkt b auf der Fläche $9 - 23 - 17 - 7$). Hier bildet sich auch $MgCO_3$ und unter gemeinsamer Abscheidung von $CaMg(CO_3)_2$ und $MgCO_3$ bewegt sich die Zusammensetzung der Lösung auf der Fläche $9 - 23 - 17 - 7$ entlang $b - c$ bis bei c auf der Linie $17 - 23$ zusätzlich $CaSO_4$ gebildet wird. Die weitere Abscheidung, bei der zuerst Halit entsteht, ist mit Hilfe der Gleichgewichte der übrigen Salze des Meerwassers zu behandeln. Bei einer anderen Lage der Fläche $9 - 23 - 17 - 7$ (Abb. 32) wird nach der $CaMg(CO_3)_2$-Abscheidung zuerst die Phasengrenze $CaSO_4 - CaMg(CO_3)_2$ erreicht (Punkt b auf der Fläche $22 - 23 - 17 - 16$). Die Kristallisation muß auf dieser Fläche fortschreiten, und es kommt erst dann zur $MgCO_3$-Bildung, wenn die Zusammensetzung der Lösung die Linie $17 - 23$ (Punkt c) erreicht hat.

Eine Abscheidung unter stabilen Verhältnissen müßte also die Reihenfolge $CaMg(CO_3)_2$, $MgCO_3$, $CaSO_4$, NaCl oder $CaMg(CO_3)_2$, $CaSO_4$, $MgCO_3$, NaCl erkennen lassen. Statt dessen wird bei der Eindunstung von Meerwasser im Stabilitätsbereich des Dolomits $CaCO_3$ abgeschieden. Bleibt derart verändertes Meerwasser mit metastabil entstandenem oder bereits vorliegendem, detritischen oder biogenen $CaCO_3$ in Berührung, muß eine Reaktion unter Bildung von $CaMg(CO_3)_2$ eintreten. Die Reaktion setzt aber erst bei einem fortgeschrittenen Eindunstungsstadium ein, da die Beträge für die Keimbildungsarbeit von $CaMg(CO_3)_2$ bei den an der Erdoberfläche herrschenden Temperaturen nur in stärker konzentrierten Lösungen erreicht werden. Hierbei entsteht zunächst Protodolomit, der durch eine Rekristallisation

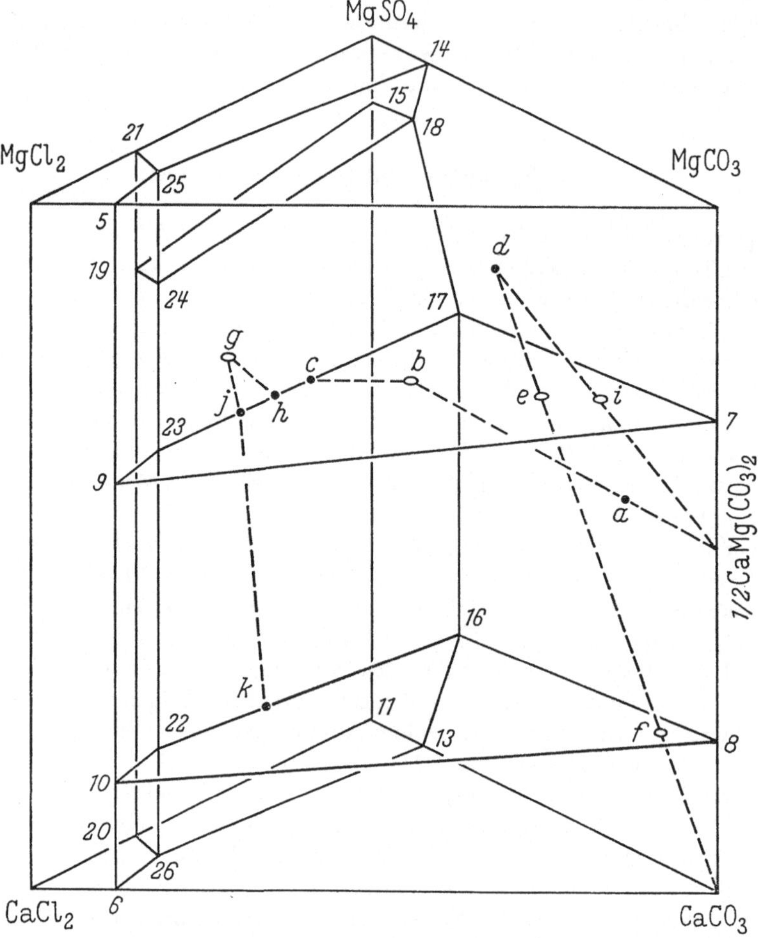

Abb. 31. Isotherme Verdampfung und Reaktionen im quinären und senären System. Schematische Darstellung. ● Punkte im Raum und auf Linien. ○ Punkte auf Flächen. 11: $CaSO_4$

seinen Ordnungsgrad verbessern oder auch weiterwachsen kann. Die Zusammensetzung des durch die metastabile $CaCO_3$-Abscheidung veränderten Meerwassers (Lösung d, Abb. 32) bewegt sich bei der Reaktion mit $CaCO_3$ von d im Raum $10-22-16-8-9-23-17-7$ nach e auf der Fläche $10-22-16-8$. Ist die Zusammensetzung zusätzlich durch eine $CaSO_4$-Abscheidung verändert worden, läuft die Reaktion an der $CaSO_4$-Sättigungsfläche $22-23-17-16$ ab. Hierbei bewegt sich die Zusammensetzung der Lösung von f nach g auf der Linie $16-22$. Diese Vorgänge lassen sich, unter der Berücksichtigung, daß auch eine Sättigung an NaCl vorliegen kann, mit der Beziehung

$$4\,CaCO_3 + MgCl_2 + MgSO_4 + (NaCl) \rightleftarrows 2\,CaMg(CO_3)_2 + CaCl_2 + CaSO_4 + (NaCl)$$

ausdrücken. Die qualitativ und quantitativ richtige Formulierung des Gleichgewichts lautet (s. S. 67):

$$x\,CaCO_3 + y\,CaMg(CO_3)_2 + z\,CaSO_4 + u\,NaCl + \text{Reaktionslösung} \rightarrow \text{Gleich-}$$
gewichtslösung.

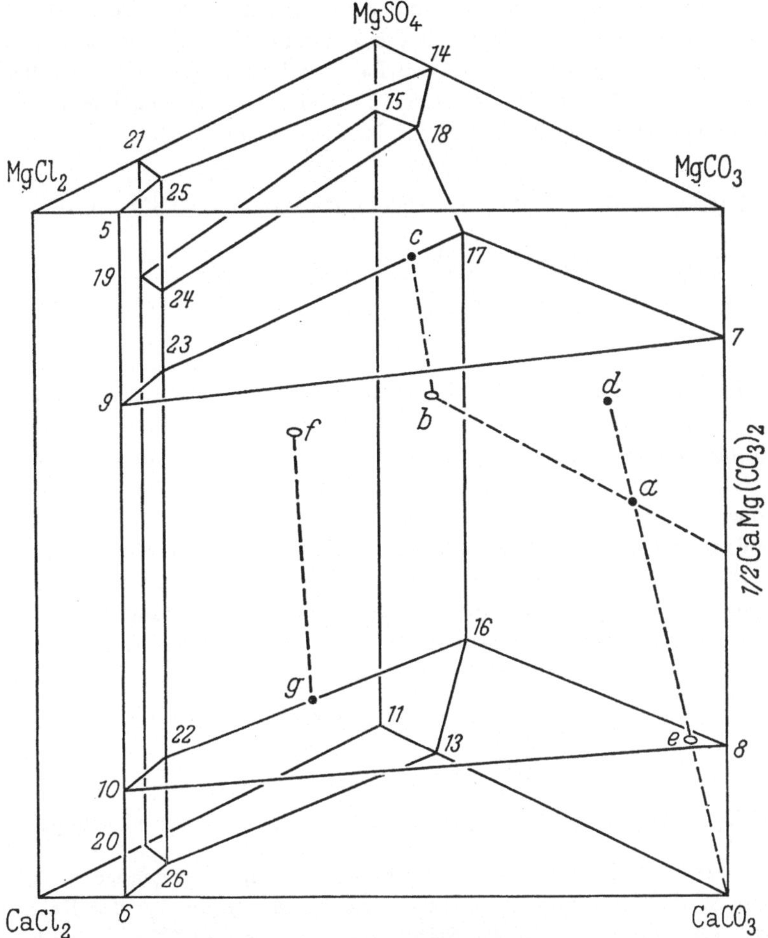

Abb. 32. Isotherme Verdampfung und Reaktionen im quinären System bei einer anderen Lage der Fläche 9 — 23 — 17 — 7. ● Punkte im Raum und auf Linien. ○ Punkte auf Flächen. 11: CaSO_4

Die Faktoren x, y, z und u geben die Mengen der bei der Reaktion verbrauchten oder gebildeten Festkörper an. Liegt keine Sättigung an $CaSO_4$ oder NaCl vor, werden z oder $u = 0$. Für die Reaktionslösung müssen Zusammensetzungen des Meerwassers bei verschiedenen Eindunstungsstadien eingesetzt werden (z. B. d oder f). Die Anionenkonzentrationen der Gleichgewichtslösung (e oder g) lassen sich an Hand der Zusammensetzung der Reaktionslösungen ungefähr ermitteln. Die Ca- und Mg-Gehalte sind dagegen unbekannt. Aus der Extrapolation des Gleichgewichts zwischen

Calcit und Dolomit bei höheren Temperaturen läßt sich jedoch abschätzen, daß die Molenbrüche von Ca^{2+} der Lösungen auf der Fläche $10-22-16-8$ groß sind.

Durch eine metastabile Abscheidung von $CaCO_3$ oder $CaCO_3$ *und* $CaSO_4$ kann die Zusammensetzung des eindunstenden Meerwassers so weit variiert werden, daß es in den Stabilitätsbereich von $MgCO_3$ gelangt (Lösungen *d* oder *g*, Abb. 31). Bereits vorliegendes $CaMg(CO_3)_2$ muß sich mit derartigen Lösungen unter Bildung von $MgCO_3$ umsetzen. Hierbei ändert sich die Zusammensetzung der Lösung *d* von *d* nach *i* auf der Fläche $9-23-17-7$. Im Fall der Lösung *g* bewegt sich die Zusammensetzung auf der Fläche $23-24-18-17$ von *g* nach *h*. Die Umsätze erfolgen, unter der Berücksichtigung, daß auch eine NaCl-Sättigung vorliegen kann, nach dem Schema

$$2\,CaMg(CO_3)_2 + MgSO_4 + MgCl_2 + (NaCl) \rightleftarrows 4\,MgCO_3 + CaSO_4 + CaCl_2 + (NaCl).$$

Der Ausdruck des Lösungsgleichgewichts lautet

$$x\,CaMg(CO_3)_2 + y\,MgCO_3 + z\,CaSO_4 + u\,NaCl + \text{Reaktionslösung} \rightarrow \text{Gleichgewichtslösung.}$$

Auch in diesem Fall sind die Zusammensetzungen der Gleichgewichtslösungen unbekannt. Da jedoch Lösungen, die mit rezenten Dolomiten und Mg-Karbonaten in Berührung sind, ein großes Mg/Ca-Verhältnis haben, darf angenommen werden, daß die Gleichgewichtslösungen der Fläche $9-23-17-7$ große, relative Mg-Konzentrationen besitzen.

Eine Reaktion unter Bildung von $MgCO_3$ kann auch dann eintreten, wenn verändertes Meerwasser, das im Stabilitätsbereich von $MgCO_3$ liegt, mit $CaCO_3$ in Berührung kommt. In diesem Fall ändern sich die Zusammensetzungen der Lösungen *d* und *g* von *d* nach *e* auf der Fläche $9-23-17-7$ und von *g* nach *j* auf der Linie $17-23$. Die Umsätze treten nach dem Schema

$$2\,CaCO_3 + MgCl_2 + MgSO_4 + (NaCl) \rightleftarrows 2\,MgCO_3 + CaCl_2 + CaSO_4 + (NaCl)$$

ein und müssen wie folgt formuliert werden

$$x\,CaCO_3 + y\,MgCO_3 + z\,CaSO_4 + u\,NaCl + \text{Reaktionslösung} \rightarrow \text{Lösung.}$$

Diese Beziehungen gelten nur für die Fälle, in denen nicht genügend $CaCO_3$ vorhanden ist, so daß aufgrund der relativ geringen Menge des bei der Reaktion freiwerdenden Ca^{2+} die Lösungen das Stabilitätsgebiet des $MgCO_3$ nicht verlassen können. Die Reaktionslösungen *d* und *g* variieren daher die Zusammensetzungen nur in den Grenzen $d-e$ und $g-j$. Die oben angeführte Beziehung stellt also keine Gleichgewichtsreaktion dar, bei der eine Phasengrenze zwischen zwei Karbonaten erreicht wird. Bei einem Überschuß an $CaCO_3$ ändern sich bei NaCl-Sättigung oder -Freiheit die Zusammensetzungen der Lösungen *d* und *g* bis an den Punkten *e* und *j* die Phasengrenzen $MgCO_3 - CaMg(CO_3)_2$ und $MgCO_3 - CaMg(CO_3)_2 - CaSO_4$ erreicht sind. Hier reagiert das entlang $d-e$ und $g-j$ entstandene $MgCO_3$ unter Bildung von $CaMg(CO_3)_2$. Anschließend entsteht durch die Reaktion der Lösung mit $CaCO_3$ weiter $CaMg(CO_3)_2$ bis die Zusammensetzung der Lösung das Gleichgewicht zwischen dieser Phase und $CaCO_3$ erreicht hat (Punkt *f* auf der Fläche $10-22-16-8$ und Punkt *k* auf der Linie $16-22$).

Die Genese der Mineralassoziationen rezenter Karbonatsedimente läßt sich also mit Hilfe der bei höheren Temperaturen aufgestellten Gleichgewichte interpretieren. Es ist jedoch zu beachten, daß die in der Natur gefundenen Paragenesen und Lösungszusammensetzungen noch keine Gleichgewichtsparagenesen und Gleichgewichtslösungen sind. Sie stellen lediglich metastabile Zwischenzustände eines lang andauernden Prozesses dar, der in Richtung auf das Erreichen stabiler Zustände tendiert.

X. Spätdiagenese

Rezente, dolomitische Sedimente bestehen im wesentlichen aus Aragonit, Mg-Calcit und Protodolomit. Ferner kommen Magnesit, Hydromagnesit, Gips, Anhydrit, Halit und außerdem untergeordnete Mengen von Cölestin vor. Der Mineralbestand älterer, genetisch äquivalenter Karbonatgesteine (z. B. die Karbonate des norddeutschen Zechsteins) setzt sich hauptsächlich aus Calcit und Dolomit zusammen. Daneben treten Gips, Anhydrit, Magnesit, Halit, Cölestin und Fluorit auf. Der Calcit enthält praktisch kein Mg und der Dolomit hat gewöhnlich ein Ca/Mg-Verhältnis von 1. Die Kristalle sind im allgemeinen gut geordnet. Es kommt aber auch schlecht geordneter Dolomit vor (FÜCHTBAUER, 1962).

Der Vergleich von rezenten und älteren frühdiagenetisch entstandenen dolomitischen Sedimenten zeigt also, daß sich die frühdiagenetisch gebildeten Mineralassoziationen im Lauf der Zeit in die stabilen Bodenkörper des quinären und senären Systems umwandeln. Weitere Veränderungen sind Umsätze zwischen Karbonaten verschiedener Zusammensetzung sowie zwischen Karbonaten und Sulfaten. Derartige Umwandlungen laufen nicht nur in frühdiagenetischen Dolomiten ab, sondern treten ebenfalls sowohl großräumig als auch in eng begrenzten Bereichen in anderen Karbonatgesteinen auf. Alle diese Vorgänge finden gewöhnlich während der Spätdiagenese im bereits verfestigten Sediment statt. Sie sind nur unter der Mitwirkung von Lösungen vorstellbar. Die Gesteine der Erdkruste enthalten bis in größere Tiefen Poren und Porenlösungen. Ein Teil der Poren ist geschlossen. Ein anderer Teil steht jedoch miteinander in Verbindung, so daß eine Zirkulation der Lösungen möglich ist. Man muß also im Verlauf der Geschichte eines Gesteins stets mit Umsätzen zwischen Festkörpern und Porenlösungen rechnen. Ein Sediment erfährt daher nach seiner Ablagerung nicht nur isochemische Umwandlungen (Verhärtung, Umkristallisation), sondern auch allochemische Veränderungen.

1. Porenlösungen

Der Lösungsinhalt der Porenwässer kann unter Vernachlässigung des Kaliums und der Spurenelemente durch das senäre System ausgedrückt werden. Im Zusammenhang mit dem untersuchten Raum des Systems können nur Umsätze von Bodenkörpern mit solchen Lösungen erörtert werden, die ein molares Na^+ / Cl^--Verhältnis von < 1 haben. Eine Übersicht der Zusammensetzungen derartiger Lösungen ist in den Abb. 33—35 zusammengestellt. Es wurde versucht, eine möglichst große Varia-

tionsbreite zu erfassen. Eine Zusammenstellung der Publikationen, denen die Analysen
entnommen wurden, befindet sich am Ende des Literaturverzeichnisses.

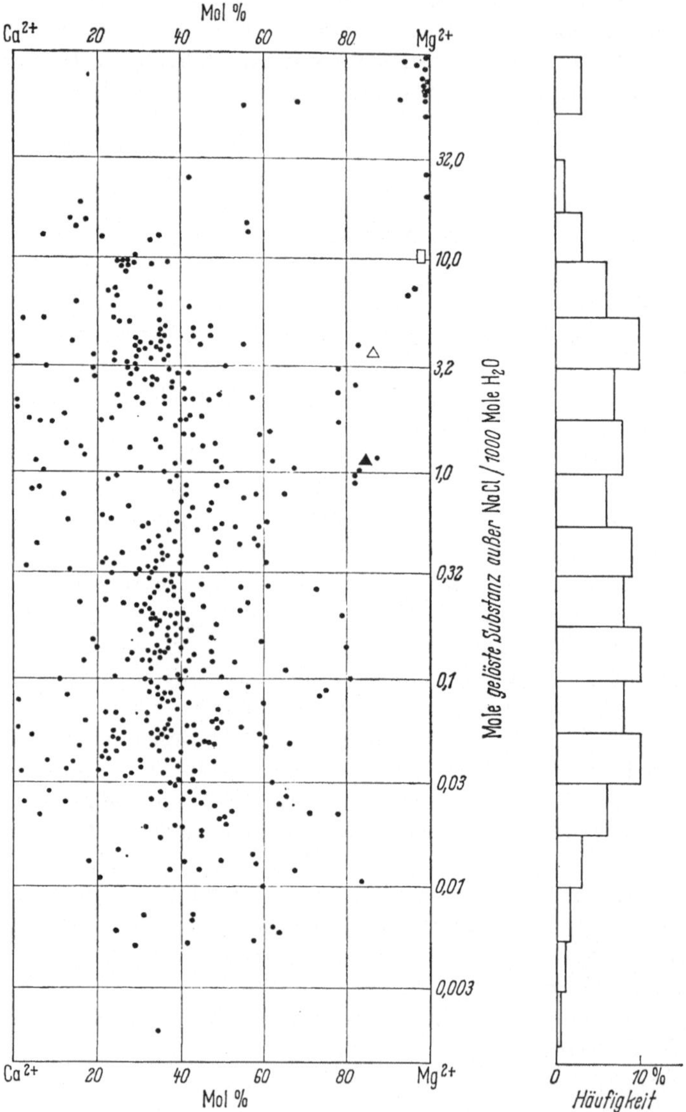

Abb. 33. Konzentrationen von Ca^{2+}, Mg^{2+}, als CO_3^{2-} formuliertem HCO_3^-, SO_4^{2-} und nicht
als NaCl zu verrechnendem Cl_2^{2-} in Porenlösungen. Zum Vergleich sind die quinären Zusammensetzungen von Meerwasser und von Meerwasser verschiedener Eindunstungsstadien angegeben. ▲ = Meerwasser (MW), △ = MW bei beginnender $CaSO_4$-Abscheidung, □ = MW bei
beginnender NaCl-Abscheidung

Die Darstellung der Lösungen geschieht am zweckmäßigsten durch die Angabe von
Mischungsverhältnissen. Hierfür werden zwei Projektionen des quinären Systems verwendet: eine Parallelprojektion auf die Cl_2^{2-} — CO_3^{2-} — SO_4^{2-} -Fläche und eine Projek-

tion auf die Fläche $CaCO_3 - MgCO_3 - CaSO_4 - MgSO_4$ mit der $CaCl_2 - MgCl_2$-Kante als Perspektivitätslinie. Da bei dieser Darstellung die Zusammensetzungen der Lösun-

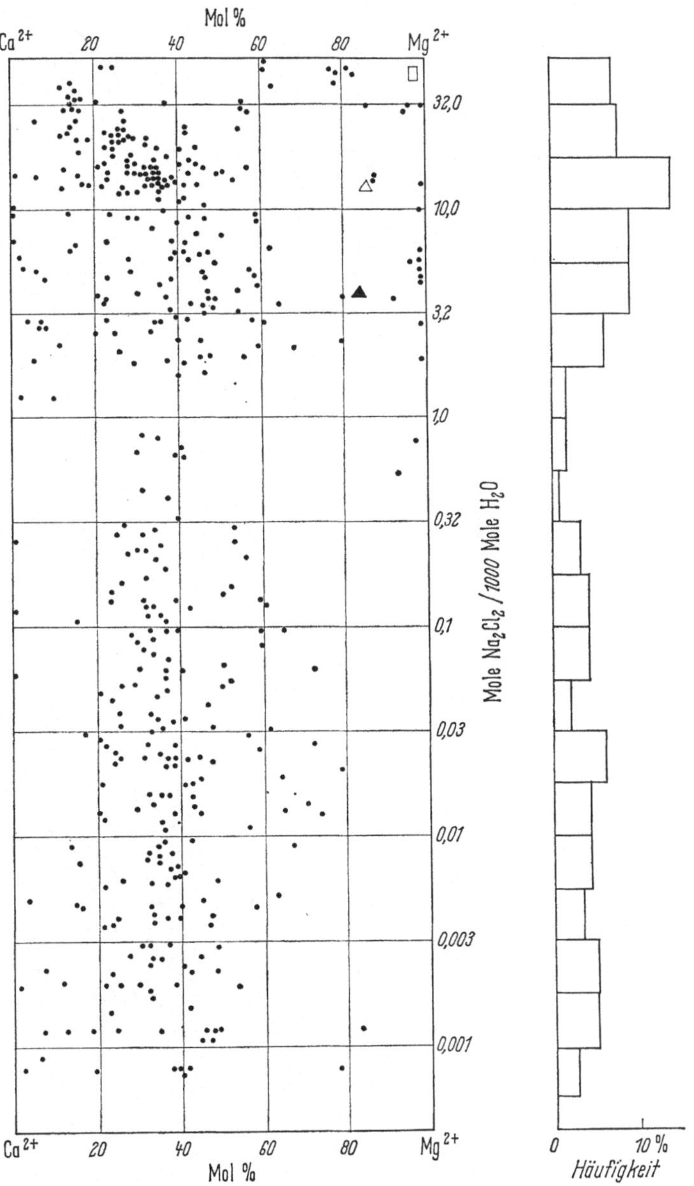

Abb. 34 NaCl-Gehalte von Porenlösungen. Zum Vergleich: ▲ = Meerwasser (MW), △ = MW bei beginnender $CaSO_4$-Abscheidung, □ = MW bei beginnender NaCl-Abscheidung. Obere Grenze des Diagramms: Sättigung im System $NaCl - H_2O$ bei 25 °C

gen durch die in den Festkörpern enthaltenen Ionen ausgedrückt werden, sind die in den Lösungen vorhandenen HCO_3^--Ionen als CO_3^{2-}-Ionen formuliert. Die absoluten

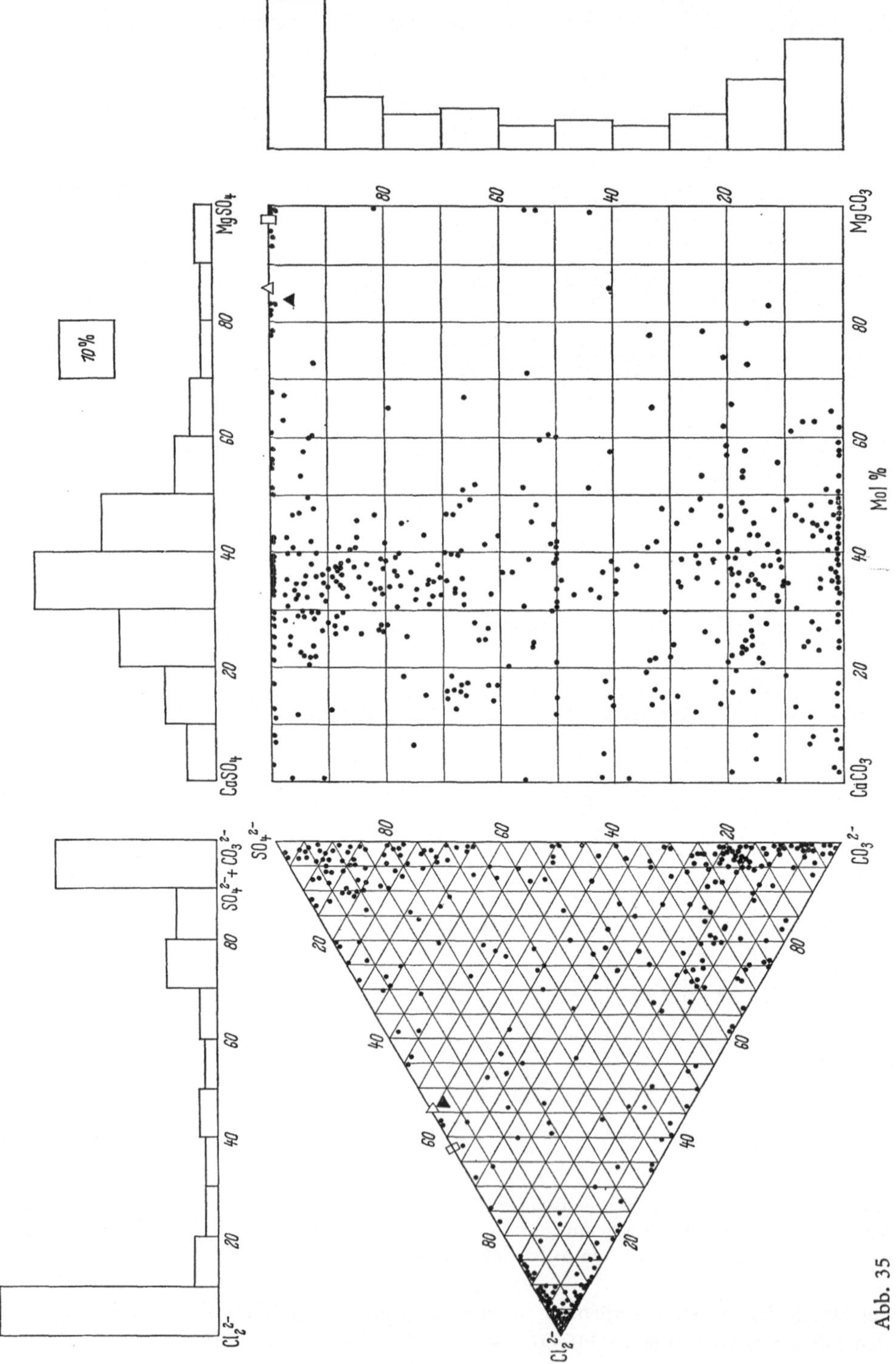

Abb. 35

Gehalte der Lösungen an Ca^{2+}, Mg^{2+}, CO_3^{2-}, SO_4^{2-} und nicht als NaCl zu verrechnendem Cl_2^{2-} sowie die NaCl-Gehalte sind besonders dargestellt. Sie sind als Funktion des relativen Anteils von Ca^{2+} und Mg^{2+} aufgetragen, um auf die Variabilität der absoluten Konzentrationen bei verschiedenen Mischungsverhältnissen aufmerksam zu machen.

Man erkennt, daß die Konzentrationen der Lösungen (abzüglich NaCl) in einem großen Bereich schwanken (Abb. 33). Es kommen Gehalte von 10^{-2} Mole / 1000 Mole H_2O bis zu 10^2 Mole / 1000 Mole H_2O vor. Mit Ausnahme der Extreme sind alle Konzentrationen etwa gleich häufig. In gleicher Weise variiert der NaCl-Gehalt der Lösungen (Abb. 34). Von kleinen Konzentrationen (10^{-3} Mole / 1000 Mole H_2O) bis zum Sättigungswert des Systems $NaCl - H_2O$ bei 25 °C sind alle Gehalte möglich. Die Häufigkeitsverteilung ist etwas unregelmäßiger als die der Abb. 33. Das Anionenvariationsdiagramm (Abb. 35) zeigt, daß Lösungen aller Mischungsverhältnisse von CO_3^{2-}, SO_4^{2-} und Cl_2^{2-} vorkommen. Häufigkeitsmaxima liegen in der Nähe der Ecken. Aus der Projektion von der Cl_2^{2-}-Kante auf das quaternäre System geht hervor, daß die Porenlösungen alle Mischungen von Ca^{2+} und Mg^{2+} aufweisen. Besonders häufig sind Lösungen zwischen 20 und 50 Mol-% Mg.

Die Übersicht zeigt, daß alle im quinären und senären System enthaltenen Lösungen in der Natur vorkommen können. Noch vorhandene Lücken werden sich vermutlich bei weiterer Hinzunahme von Daten schließen. Besonders häufig sind Lösungen, die in der Zone zwischen 20 und 50 Mol-% Mg liegen und hier besonders oft an der Cl_2^{2-}-, CO_3^{2-}- und SO_4^{2-}-Ecke vorkommen. Es sind daher alle in den Systemen enthaltenen Reaktionen möglich. Besonders häufig werden aber die Reaktionen sein, die zwischen den am häufigsten vorkommenden Festkörpern und Lösungen eintreten.

2. Umkristallisation

Aragonit. Rezente Karbonatablagerungen bestehen häufig zu einem recht großen Teil aus Aragonit. STEHLI u. HOWER (1961) zeigten, daß in pleistozänen Karbonaten, die mit rezentem Material vergleichbar sind, Aragonit nicht mehr vorhanden ist. Aragonit ist im sedimentären Bereich instabil und kann nur dann über längere Zeiten metastabil erhalten bleiben, wenn er nicht mit Lösungen in Berührung steht. In Gegenwart von Lösungen setzt er sich relativ schnell in Calcit um. FÜCHTBAUER u. GOLDSCHMIDT (1964) stellten fest, daß Lumachellen des norddeutschen Wealden in einer impermeablen Umgebung aragonitisch konserviert wurden, in einer permeablen Umgebung dagegen in Calcit umgewandelt waren.

Mg-Calcit und Ca-überschüssige Dolomite. Die gleichen Verhältnisse gelten auch für Mg-Calcite und Protodolomite, die ebenfalls metastabile Bildungen sind und sich unter der Mitwirkung von Lösungen umwandeln. Ohne die Gegenwart von Lösungen

---

Abb. 35. Darstellung der relativen Zusammensetzungen von Porenlösungen in zwei Projektionen des quinären Systems. Die HCO_3^--Gehalte der Lösungen sind als CO_3^{2-} formuliert. 85 weitere, nicht eingetragene darstellende Punkte von Anionenmischungsverhältnissen liegen bei einem relativem Cl_2^{2-}-Gehalt von mehr als 90 Mol-%. Zum Vergleich: ▲ = Meerwasser (MW), △ = MW bei beginnender $CaSO_4$-Abscheidung, □ = MW bei beginnender NaCl-Abscheidung

sollten sie beständig sein. Das Prinzip der Umwandlung unter Gleichgewichtsbedingungen kann am ternären System $CaCO_3 - MgCO_3 - H_2O$ veranschaulicht werden (Abb. 36).

Es wird zunächst ein geschlossenes System betrachtet. Ferner wird angenommen, daß die Porenfüllung nur aus Wasser besteht. Liegt Dolomit vor ($Ca/Mg = 1$) und ist die vorhandene Menge H_2O so klein, daß keine ungesättigte Lösung entsteht, befindet sich die Gesamtzusammensetzung $H_2O +$ Dolomit auf der Linie $D - H_2O$ im Feld $D - 8 - 7$ (z. B. Punkt a). Die entstehende Lösung ist die Gleichgewichtslösung des Punktes f. Liegt ein Ca-überschüssiger Dolomit $+ H_2O$ vor (Punkt x), müssen zwei Fälle unterschieden werden. Ist so wenig Wasser vorhanden, daß die Gesamtzusammensetzung Ca-überschüssiger Dolomit $+ H_2O$ in das invariante Dreieck $CaCO_3 - 8 - D$ fällt (Punkt b), muß der Ca-Dolomit unter Bildung von Calcit und Dolomit umkristallisieren. Die Gleichgewichtslösung ist die Lösung des Punktes 8. Ist Wasser in etwas größerer Menge vorhanden, fällt die Gesamtzusammensetzung in das Feld $D - 8 - 7$ (Punkt c) und der Ca-überschüssige Dolomit muß sich unter Bildung der Lösung g in Dolomit umwandeln. Hierbei wird kein Calcit gebildet. Liegt ein Mg-Calcit vor (Punkt y), müssen ebenfalls zwei Möglichkeiten beachtet werden. Befindet sich die Gesamtzusammensetzung am Punkt d, entstehen Calcit, Dolomit und die Lösung 8. Liegt sie dagegen im Feld $CaCO_3 - 4 - 8$ (Punkt e), bilden sich Calcit und die Lösung h.

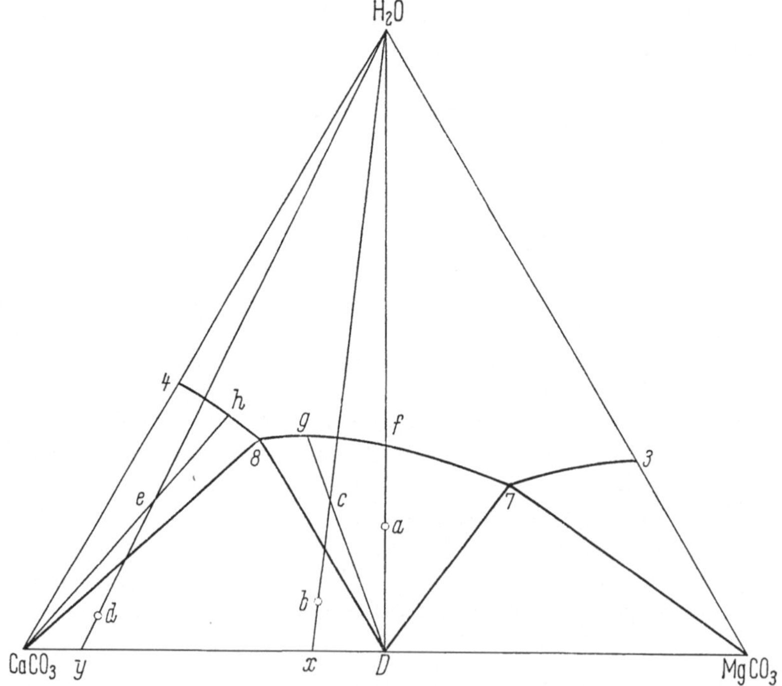

Abb. 36. Die Umwandlung von Mg-Calciten und Ca-Dolomiten im System $Ca^{2+} - Mg^{2+} - CO_3^{2-} - H_2O$. Schematische Darstellung

In der Natur liegen kompliziertere Systeme vor. Umwandlungen, die den Vorgängen im ternären System $CaCO_3 - MgCO_3 - H_2O$ entsprechen, treten stets dann

ein, wenn die Gesamtzusammensetzungen aus karbonatischen Festkörpern und Porenlösungen in Zusammensetzungsbereichen liegen, die den Feldern der Abb. 36 entsprechen. Die Umwandlungen lassen sich schematisch mit folgenden Beziehungen
erfassen:

(1) $Ca_xMg_{(1-x)}CO_3$ + Porenlösung → $CaCO_3$ + $CaMg(CO_3)_2$ + Gleichgewichtslösung

(2) $Ca_xMg_{(1-x)}CO_3$ + Porenlösung → $CaMg(CO_3)_2$ + Gleichgewichtslösung

(3) $Ca_xMg_{(1-x)}CO_3$ + Porenlösung → $CaCO_3$ + Gleichgewichtslösung.

Kleinere Mengen von Dolomit in Kalksteinen und kleinere Calcitgehalte in Dolomitgesteinen können durch eine isochemische Umkristallisation nach der ersten Beziehung entstanden sein.

Allseitig geschlossener Porenraum ist in der Natur nur wenig häufig und Gesteins-
umwandlungen müssen im allgemeinen als offene Systeme mit einer freien Zirkulation
von Lösungen im Porenraum aufgefaßt werden. Hierbei bleibt der Stoffbestand der
primären Ablagerungen nicht erhalten. STEHLI u. HOWER (1961) beobachteten, daß
pleistozäne Karbonate, die sehr wahrscheinlich ursprünglich aus Mg-Calcit bestanden,
den primären Mg-Gehalt fast quantitativ verloren haben und heute nur noch als
Calcit vorliegen. Wird die bei der Umkristallisation von Mg-Calciten entstehende
Gleichgewichtslösung aus dem Gestein entfernt, muß sie sich bei weiterem Lösungs-
angebot neu bilden. Ist die in einer Zeiteinheit zugeführte Lösungsmenge klein, werden der durch eine Umwandlung nach der Beziehung (1) gebildete Calcit und Dolomit gemeinsam gelöst. Es verschwindet zuerst der Dolomit, der in geringerer Menge
vorhanden ist. Anschließend wird nur noch Calcit gelöst. Ist die in der Zeiteinheit
auf das Gestein treffende Lösungsmenge größer, wird schon am Beginn der Umwandlung Calcit gelöst, da aufgrund der größeren Lösungsmenge kein Dolomit entstehen
kann.

In der Tab. 4 sind an Hand der Gleichgewichtsdaten die Mengen H_2O von Lösungen bestimmter Zusammensetzungen berechnet worden, die erforderlich sind, um aus
einem Mol Mg-Calcit der Zusammensetzung $Ca_{0,9}Mg_{0,1}CO_3$ das Mg auf dem Weg
der Umkristallisation unter zwischengeschalteter Dolomitbildung zu entfernen. Da es
hier nur darauf ankommt, die Größenordnung zu erfassen, wurde mit Mg-freien
Lösungen gerechnet. Man erkennt, daß aufgrund der negativen Lösungsenthalpien der
Karbonate bei höheren Temperaturen mehr Wasser erforderlich ist als bei niedrigen
Temperaturen. Die Menge des benötigten Wassers wird ferner durch Lösungsgenossen
bestimmt und nimmt in der Reihenfolge ternäre, quaternäre und quinäre Lösungen
ab. Eine weitere Erniedrigung erfolgt durch den NaCl-Gehalt. In Abhängigkeit von
den Zusammensetzungen der Lösungen sind Wassermengen von größenordnungsmäßig
10^{-2} bis 10^2 kg erforderlich, um das in einem Mol $Ca_{0,9}Mg_{0,1}CO_3$ ($\sim$ 98 g) enthaltene
Mg ($\sim$ 8 g) zu entfernen. Diese H_2O-Mengen sind nicht sehr groß und können auch
in relativ kurzen geologischen Zeiträumen durch Gesteine zirkulieren. Es ist noch zu
beachten, daß bei diesen Vorgängen auch die Menge des Calcits verändert wird. Sind
die auf das Gestein treffenden Lösungen an Karbonat untersättigt, wird Calcit gelöst,
sind sie gesättigt, kann Calcit abgeschieden werden.

Auch im Fall Ca-überschüssiger Dolomite können in Abhängigkeit von der in
einem Zeitabschnitt angebotenen Lösungsmenge zuerst Dolomit + Calcit und anschließend Dolomit oder bereits zu Beginn der Umwandlung Dolomit gelöst werden. Die

hierfür benötigten Wassermengen liegen in den gleichen Größenordnungen wie bei der Umkristallisation von Mg-Calciten. Durch die allochemische Umkristallisation Ca-überschüssiger Dolomite kann das oft nahezu eins betragende Ca/Mg-Verhältnis

Tabelle 4. *Wassermengen verschiedener Lösungen, die zur Umkristallisation von 1 Mol $Ca_{0,9}Mg_{0,1}CO_3$ erforderlich sind*

Zusammensetzung der Porenlösung	120° C Erforderliche Menge H_2O Mole	kg	Δ Calcit (%)	50° C Erforderliche Menge H_2O Mole	kg	Δ Calcit (%)	System
H_2O (8)	$14{,}7 \cdot 10^3$	264	— 37	$3{,}2 \cdot 10^3$	57	— 23	$CaCO_3 - MgCO_3 - (NaCl) - H_2O$
ges. $CaCO_3$ (4,8)	$14{,}7 \cdot 10^3$	264	+ 14	$3{,}2 \cdot 10^3$	57	+ 16	
ges. NaCl (8)	$5{,}0 \cdot 10^3$	90	— 42	$1{,}7 \cdot 10^3$	31	— 27	
ges. $CaCO_3 + NaCl$ (4,8)	$5{,}0 \cdot 10^3$	90	+ 16	$1{,}7 \cdot 10^3$	31	+ 20	
ges. $CaCO_3 + CaSO_4$ (13,16)	$12{,}5 \cdot 10^3$	225	+ 23	$2{,}8 \cdot 10^3$	50	+ 21	$CaCO_3 - MgCO_3 - CaSO_4 - MgSO_4 - (NaCl) - H_2O,$
ges. $CaCO_3 + CaSO_4 + NaCl$ (13,16)	$3{,}3 \cdot 10^3$	59	+ 24	$1{,}3 \cdot 10^3$	24	+ 24	(mit $CaSO_4$ im Festkörper)
ges. $CaCO_3 + CaCl_2 + (NaCl)$ (6,10)	4,6	0,08	+ 25	3,6	0,07	+ 25	$CaCO_3 - MgCO_3 - CaCl_2 - MgCl_2 - (NaCl) - H_2O$ sowie quin. und sen. System

$\triangle$ Calcit bezieht sich auf 0,8 Mol = 100%. Die Zahlen in der ersten Spalte geben die für die Berechnung verwendeten Lösungen der Datenzusammenstellung an.

Tabelle 4 (Forts.). *Schema zur Berechnung der Umsätze bei der Umkristallisation von Mg-Calciten unter zwischengeschalteter Dolomitbildung (s. a. S. 67)*

1 Mol $Ca_{0,9}Mg_{0,1}CO_3$ ist äquivalent 0,8 Mol $CaCO_3 + 0{,}1$ Mol $CaMg(CO_3)_2$. Als Ansatz für die Berechnung der gelösten und abgeschiedenen Substanzmengen gilt: x Calcit + y Dolomit + Porenlösung → Gleichgewichtslösung. Für die Porenlösung wird die Lösung $4_{(120°)}$ und für die Gleichgewichtslösung die Lösung $8_{(120°)}$ in die Rechnung eingesetzt (Konzentrationen in Mole / 1000 Mole H_2O).

	$x\,C$	+ $y\,D$ +	Lösung 4 $\xrightarrow{120°}$	Lösung 8
Ca^{2+}	1	1	$2{,}8 \cdot 10^{-2}$	$2{,}72 \cdot 10^{-2}$
Mg^{2+}	—	1	—	$0{,}68 \cdot 10^{-2}$
CO_3^{2-}	1	2	$2{,}8 \cdot 10^{-2}$	$3{,}40 \cdot 10^{-2}$
H_2O	—	—	1000	1000

Die Auflösung der Gleichungen ergibt: $x = - 0{,}76 \cdot 10^{-2}$, $y = + 0{,}68 \cdot 10^{-2}$. Es werden also $0{,}68 \cdot 10^{-2}$ Mol Dolomit und die Lösung 4 verbraucht. Hieraus entstehen: $0{,}76 \cdot 10^{-2}$ Mol Calcit und die Lösung 8. Unter Umrechnung auf 0,1 Mol Dolomit ergibt sich: 0,1 Mol Dolomit + 14,7 Lösung 4 → 0,11 Mol Calcit + 14,7 Lösung 8. Zur Entfernung des Mg werden also $14{,}7 \cdot 10^3$ Mole H_2O benötigt. Die Calcitmenge hat gegenüber der Menge der Calcitkomponente im Mg-Calcit um $(0{,}11/0{,}8) \cdot 100 = 14\%$ zugenommen.

älterer, frühdiagenetisch gebildeter Dolomitgesteine erklärt werden. Dieser Vorgang ist jedoch nicht der einzige Prozeß, durch den das Ca/Mg-Verhältnis Ca-überschüssiger Dolomite verändert wird. Ca-Dolomite können auch dadurch umgewandelt werden, daß sie mit Mg-haltigen Lösungen unter Bildung von Dolomit reagieren. Derartige Vorgänge finden dann statt, wenn in einem System die Gesamtzusammensetzung Ca-Dolomit + Lösung in einen invarianten Bereich fällt, in dem Calcit und Dolomit stabil sind (z. B. Bereich $CaCO_3 - D - 8$, Abb. 36). Hat ferner die vorhandene Lösung eine relative Mg-Konzentration, die größer ist als die der Gleichgewichtslösung des invarianten Bereichs, tritt eine Reaktion zwischen dem aus der Umwandlung des Ca-Dolomits stammenden Calcit und der Lösung ein. Hierbei werden Dolomit und die Gleichgewichtslösung gebildet.

Obwohl sich die Umwandlung von Mg-Calciten und Ca-überschüssigen Dolomiten durch offene Systeme mit Hilfe der stabilen Gleichgewichte erklären läßt, muß auch mit dem Auftreten metastabiler Zustände gerechnet werden. Solche Zustände herrschen dann, wenn bei relativ niedrigen Temperaturen die Zirkulationsgeschwindigkeit einer Lösung gegenüber der Zeit, die zum Einstellen der Gleichgewichte benötigt wird, groß ist. Unter derartigen Bedingungen können Mg-Calcite und Ca-überschüssige Dolomite direkt gelöst werden. Hierbei entstehen metastabile Lösungen.

CaSO₄. Wie rezente Beispiele zeigen, wandelt sich Gips schon recht frühzeitig in Anhydrit um. Die Entwicklung wird spätdiagenetisch abgeschlossen. Der Anhydrit kann sich aber zu einem noch späteren Zeitpunkt mit wäßrigen Lösungen wieder unter Rückbildung von Gips umsetzen. Die experimentellen Befunde zeigen, daß für die Umwandlung von Gips in Anhydrit während der Diagenese die stabilen Gleichgewichte nur in erster Näherung maßgebend sind, und daß die Anhydritbildung wahrscheinlich stets bei etwas höheren Temperaturen als den Umwandlungstemperaturen der jeweiligen Systeme stattfindet. Die wesentliche Voraussetzung für die Umwandlung sind Bedingungen, unter denen sich die Keimbildungsarbeit erniedrigt, und es wird von diesen Bedingungen abhängen wie weit die Temperatur, bei der sich Gips tatsächlich in Anhydrit umwandelt, von der Gleichgewichtstemperatur entfernt ist.

Bei der CaSO₄-Abscheidung aus dem Meerwasser wird in den Gips diadoch Sr eingebaut. Wandelt sich der Gips in Anhydrit um, wird nur eine bestimmte Menge Sr in die neue Phase aufgenommen. Der Rest verbleibt in der Lösung. Da die Porenlösungen, über die die Umwandlung erfolgt, im allgemeinen bereits Sr enthalten, findet eine Anreicherung von Sr in der Lösung statt. Da die Lösungen auch CaSO₄ bis zur Sättigungskonzentration an Anhydrit enthalten oder sogar übersättigt sein können, kann Cölestin entstehen. Eine weitere Quelle des Sr bilden die Ca- und Ca—Mg-Karbonate, die bei der Umkristallisation oder bei der Reaktion mit Lösungen ebenfalls einen Teil des isomorph eingebauten Sr verlieren (USDOWSKI, 1962). Die Entstehung des Cölestins kann frühdiagenetisch erfolgen, wie rezente Beispiele zeigen. Aber auch die spätdiagenetische Bildung dieses Minerals ist beobachtet worden (THEILIG u. PENSOLD, 1964).

3. Reaktionen zwischen Mineralen und Lösungen

Weitere spätdiagenetische Veränderungen von Karbonatgesteinen lassen sich an Mineralumwandlungen erkennen. ROEHL (1963) beobachtete an Karbonaten des norddeutschen Zechsteins Verdrängungen von Dolomit, Anhydrit und Fluorit durch Calcit, von Anhydrit, Calcit und Fluorit durch Dolomit sowie von Calcit und Fluorit durch Anhydrit. Die Umsätze zwischen verschiedenen Karbonaten sowie zwischen Karbonaten und Sulfaten sind weit verbreitet. Sie treten nicht nur in Karbonatgesteinen auf, sondern auch in sedimentären Gesteinen, in denen der Karbonatanteil eine untergeordnete Rolle spielt. OKRAJEK (1965) stellte an karbonatisch-sulfatischen Porenfüllungen des norddeutschen Buntsandsteins Verdrängungen von Anhydrit durch Calcit oder Dolomit und von Dolomit durch Calcit oder Anhydrit fest.

Die in der Natur beobachteten Mineralumbildungen lassen sich durch Reaktionen des quinären und senären Systems formulieren. Sämtliche Umwandlungen müssen so verstanden werden, daß auf einen bereits vorliegenden Mineralbestand eine im Porenraum zirkulierende Lösung trifft. Die hierbei einsetzenden Auflösungsvorgänge entsprechen einer Umkehr der Kristallisation bei der isothermen Verdunstung unter vollständiger Reaktion der Festkörper an den Phasengrenzen. Es gilt generell, daß Reaktionen dann eintreten, wenn gesättigte Lösungen auf Festkörper treffen, die mit der Lösung nicht im Gleichgewicht sind. Auflösen ohne Reaktion findet dann statt, wenn untersättigte Lösungen vorhanden sind. Für alle diese Vorgänge ist ein kommunizierender Porenraum mit frei beweglichen Lösungen (offenes System) erforderlich, da die Füllung eines geschlossenen Porenraumes im allgemeinen nicht ausreicht, um erkennbare Umbildungen hervorzurufen.

Die Verhältnisse im quinären und senären System werden am besten an Schnitten durch das Prisma erörtert. Die Lagen der Schnitte sind von der Art der Festkörper und den Zusammensetzungen der Reaktionslösungen abhängig. Liegen $Ca-Mg$-Karbonate vor, wird ein Schnitt mit der CO_3^{2-}-Kante des Systems als Schnittkante verfolgt. Für Reaktionen von $Ca-Mg$-Sulfaten mit Lösungen wird eine ebene Fläche mit der SO_4^{2-}-Kante als Ursprung betrachtet. Die Umsätze zwischen $Ca-Mg$-Chloriden und Lösungen lassen sich an einem von der Cl_2^{2-}-Kante des Prismas ausgehenden Schnitt erörtern. Für quantitative Betrachtungen müssen die Lagen und die Sättigungskonzentrationen derjenigen Punkte des Schnitts, die sich nicht an der Ursprungskante befinden, durch Interpolationen ermittelt werden.

Eine qualitative Übersicht der möglichen Reaktionen von Lösungen mit Karbonaten und Sulfaten vermitteln die Abb. 37—40. Die von der CO_3^{2-}- oder SO_4^{2-}-Kante ausgehenden Schnitte sind so gelegt, daß der Stabilitätsbereich der $Ca-Mg$-Chloride nicht berührt wird. Die Gleichgewichtsverhältnisse der Schnitte unterscheiden sich daher nicht von denen des quaternären Randsystems $CaCO_3-MgCO_3-CaSO_4-MgSO_4-H_2O$.

Man erkennt, daß sich Calcit mit gesättigten Lösungen des Feldes $CaSO_4-a-16'-13'$ (Abb. 37) in Anhydrit umsetzen muß. Die entstehende Gleichgewichtslösung liegt auf der Linie 13'—16' am Schnittpunkt mit der Verbindungsgeraden zwischen den darstellenden Punkten der Lösung und des Calcits. In gleicher Weise kann Anhydrit durch Reaktionen an den Linien 16'—17' aus Dolomit und 17'—18' aus Magnesit entstehen. Die Reaktionslösungen müssen sich in den Feldern $16'-c-d-17'$ (Abb. 38) oder $17'-g-h-18'$ (Abb. 39) befinden.

Treffen auf Karbonate Lösungen, die sich zwar im Anhydritfeld befinden, aber außerhalb der Grenzen liegen, die eine Reaktion an den Linien ermöglichen, müssen die Gleichgewichte der Punkte 16', 17' oder 18' erreicht werden. Kommt Calcit mit einer gesättigten Lösung des Feldes $16'-a-b-17'$ (Abb. 37) in Berührung, bildet sich zunächst Anhydrit während sich die Zusammensetzung der Lösung in Richtung auf die Linie 16 ' — 17 ' bewegt. An dieser Phasengrenze scheidet sich auch Dolomit ab. Hat die Zusammensetzung der Lösung Punkt 16 ' erreicht, hört die Reaktion auf, da sich hier Calcit, Dolomit und Anhydrit im Gleichgewicht befinden. Liegt die Reaktionslösung im Feld 17 ' — b — 15 ' — 18 ', wird nach Abscheidung von Anhydrit die Linie 17 ' — 18 ' erreicht. Unter gemeinsamer Kristallisation von Magnesit und

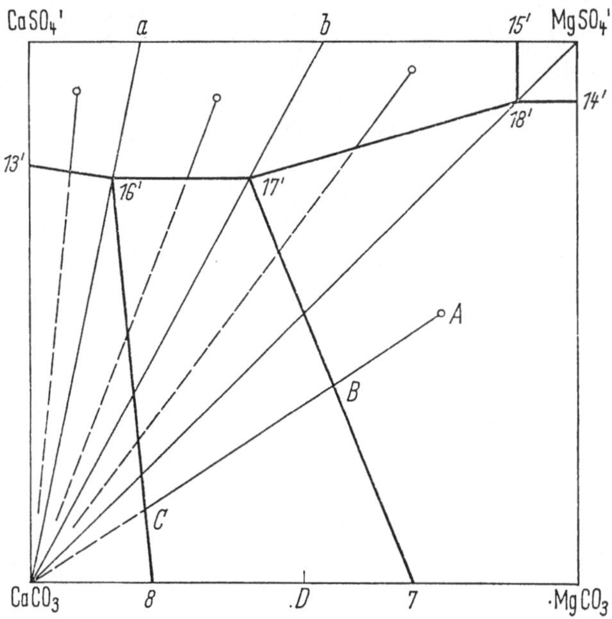

Abb. 37. Schematische Darstellung der Reaktionen von Calcit mit Lösungen. D: darstellender Punkt des Dolomits. Die mit einem Strich gekennzeichneten Punkte sind die Schnittpunkte einer von der CO_3^{2-}-Kante des Prismas (Abb. 14) ausgehenden Schnittfläche mit monovarianten Linien des Raumdiagramms. $CaSO_4'$ ist ein Punkt auf der Linie $CaSO_4 — CaCl_2$ (Kurzbezeichnung: $CaSO_4'$ = $CaSO_4 — CaCl_2$). 15 ' = 15 — 19, $MgSO_4'$ = $MgSO_4 — MgCl_2$, 13 ' = 13 — 26, 16 ' = 16 — 22, 17 ' = 17 — 23, 18 ' = 18 — 24, 14 ' = 14 — 25

Anhydrit ändert sich die Zusammensetzung der Lösung nach 17 '. Hier reagiert der Magnesit unter Bildung von Dolomit, und bei weiterer Kristallisation von Dolomit und Anhydrit wird das Gleichgewicht 16 ' erreicht. Der gleiche Vorgang spielt sich unter Zwischenschaltung der Reaktion am Punkt 18 ' ab, wenn auf Calcit Lösungen treffen, die an $MgSO_4$-Hydraten gesättigt sind. Befinden sich die Lösungen im Feld 15 ' — $MgSO_4'$ — 18 ', wird zuerst ein $MgSO_4$-Hydrat gebildet. An der Linie 15 ' — 18 ' entsteht zusätzlich Anhydrit. Hat die Zusammensetzung der Lösung den Punkt 18 ' erreicht, reagiert das $MgSO_4$-Hydrat mit der Lösung unter Abscheidung von Magnesit und Anhydrit. Anschließend schreitet die Reaktion auf der Linie 18 ' — 17 ' — 16 ' fort. Liegt die Zusammensetzung der Lösung im Bereich 18 ' — $MgSO_4'$ — 14 ', bildet sich ebenfalls zuerst das $MgSO_4$-Hydrat. Als zweiter Festkörper wird jedoch nicht Anhydrit, sondern Magnesit abgeschieden. Auch in diesem Fall endet die Reaktion am Punkt 16 '.

Dolomit reagiert mit Lösungen der SO_4^{2-}-gesättigten Felder 17'—d—e—18' und e—MgSO$_4$'—14'—18' (Abb. 38) unter Bildung von Magnesit, Anhydrit und der Lösung 17'. Treffen Lösungen aus dem Bereich 16'—13'—CaSO$_4$'—c auf Dolomit, wird nach Erreichen der Linie 13'—16' neben Anhydrit auch Calcit gebildet. Die Reaktion hört am Punkt 16' auf. In gleicher Weise entsteht aus Magnesit und einer Lösung im Feld 13'—f—16' (Abb. 39) zunächst Anhydrit und auf der Linie 13'—16' auch Calcit. Am Punkt 16' reagiert der Calcit mit der Lösung unter Bildung von Dolomit. Die Reaktion geht dann an der Grenze 16'—17' weiter, bis am Punkt 17' das Gleichgewicht zwischen Magnesit, Dolomit und Anhydrit erreicht ist. Lösungen des Feldes CaSO$_4$'—g—17'—16'—f reagieren mit Magnesit ebenfalls unter Bildung der Assoziation des Punktes 17'. Mit Magnesit und Lösungen des Bereichs h—15'—18' wird das Gleichgewicht 18' erreicht.

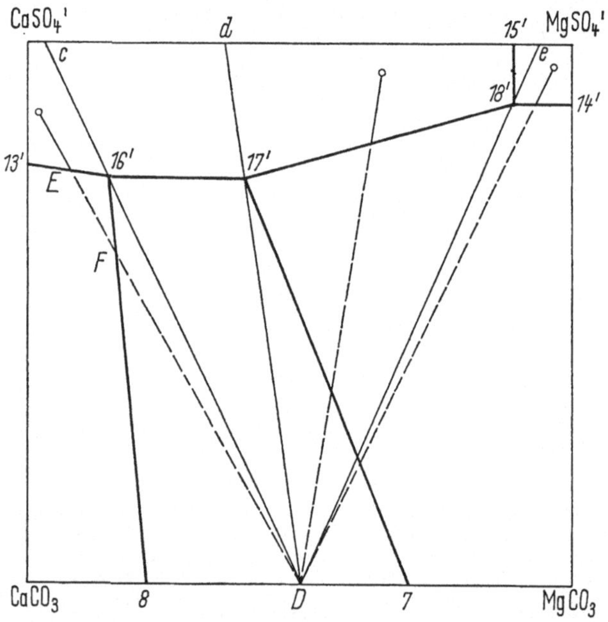

Abb. 38. Schematische Darstellung der Reaktionen von Dolomit (D) mit Lösungen. Die Bedeutung der mit einem Strich gekennzeichneten Punkte ist im Text der Abb. 37 erklärt

Liegen Karbonate als Festkörper vor und befinden sich die Reaktionslösungen außerhalb des SO_4^{2-}-gesättigten Bereichs, treten ausschließlich Reaktionen zwischen den Karbonaten ein. Calcit (Abb. 37) reagiert mit einer Lösung A im Magnesitfeld unter Bildung von Magnesit, der sich an der Phasengrenze 7—17' bei B mit der Lösung in Dolomit umsetzt. Anschließend wird am Punkt C das Gleichgewicht zwischen Dolomit und Calcit erreicht. Magnesit reagiert in gleicher Weise mit Lösungen des Calcit- oder Dolomitfeldes unter Bildung von Dolomit. Dolomit bildet mit Lösungen, die im Stabilitätsbereich von Magnesit oder Calcit liegen, Magnesit oder Calcit.

Anhydrit reagiert mit Lösungen des Feldes CaCO$_3$'—13'—16'—8' (Abb. 40) unter Bildung von Calcit und einer auf der Linie 13'—16' liegenden Lösung. Befindet sich die Reaktionslösung im Feld 8'—16'—k, muß zuerst Dolomit abgeschieden werden. Bei Erreichen der Linie 8'—16' bildet sich auch Calcit. Die Reaktion hört auf, wenn die Lösung die Zusammensetzung 16' erreicht hat. Anhydrit und Lösungen des Bereichs 16'—17'—j—$MgCO_3$'—k reagieren unter Erreichen eines Punktes auf 16'—17' oder des Gleichgewichts 17'. Eine Lösung im Feld 17'—18'—i—j und Anhydrit ergeben Magnesit und eine Lösung auf der Linie 17'—18'.

Ist der Festkörperbestand nicht monomineralisch, sondern besteht er aus einem Mineralgemenge, müssen sich diejenigen Bodenkörper umsetzen, die mit den Reaktionslösungen nicht im Gleichgewicht sein können. Liegen die Festkörper der Punkte 16' oder 17' im Überschuß vor, müssen mit jeder Reaktionslösung die Lösungen mit den konstanten Zusammensetzungen 16' oder 17' gebildet werden. Bei Umsätzen von zwei Bodenkörpern mit Lösungen hängt es dagegen von den Festkörperassoziationen und der Zusammensetzung der Lösung ab, welches Gleichgewicht erreicht wird.

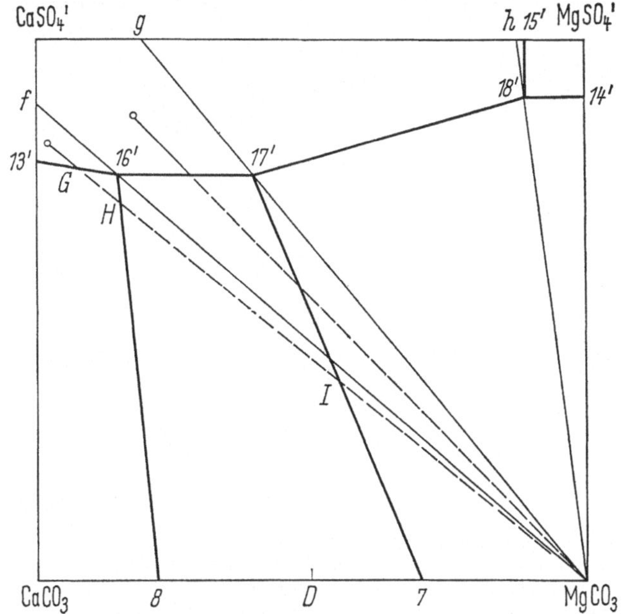

Abb. 39. Schematische Darstellung der Reaktionen von Magnesit mit Lösungen. Die Bedeutung der mit einem Strich gekennzeichneten Punkte ist im Text der Abb. 37 erklärt

Die bei den verschiedenen Reaktionen zwischen Festkörpern und Lösungen ablaufenden Vorgänge lassen sich im allgemeinen graphisch verfolgen. So ist es in vielen Fällen möglich, die relativen Zusammensetzungen von Reaktionslösungen an Hand von Relikten und Pseudomorphosen abzuschätzen. Relikte von Dolomit in Anhydritporphyroblasten eines anhydritischen Dolomitgesteins zeigen z. B., daß nur bestimmte Lösungen die Kristalloblastese von Anhydrit hervorgerufen haben. Ist das Chlorid/Sulfat-Verhältnis einer Lösung bekannt, so daß der Schnitt durch das quinäre oder senäre System definiert ist, kommen als Reaktionslösungen nur Lösungen des Zusammensetzungsbereichs 16'—c—d—17' (Abb. 38) in Frage. Im allgemeinen existieren jedoch keine derartigen Anhaltspunkte. Die Zusammensetzungen der Reaktionslösungen müssen daher durch einen Raum des quinären oder senären Systems beschrieben werden. Dieser Raum befindet sich im Stabilitätsbereich des Anhydrits. Er wird ermittelt, indem in Analogie zur Abb. 38 im Prismamodell (Abb. 14) die

Verbindungslinien zwischen dem darstellenden Punkt des Dolomits und den Punkten 16, 17, 22 und 23 gezogen werden. Die Koordinaten dieser Punkte und die der Schnittpunkte der linearen Verlängerungen der Verbindungslinien mit der Fläche $CaCl_2 - MgCl_2 - CaSO_4 - MgSO_4$ geben die Grenzzusammensetzungen von Lösungen an, die mit Dolomit unter Bildung von Anhydrit reagieren können. Für die Abschätzung der Zusammensetzungen von Reaktionslösungen, die andere Mineralumwandlungen hervorrufen, lassen sich ähnliche Konstruktionen durchführen. Ansätze liefern die Abbildungen 37—40.

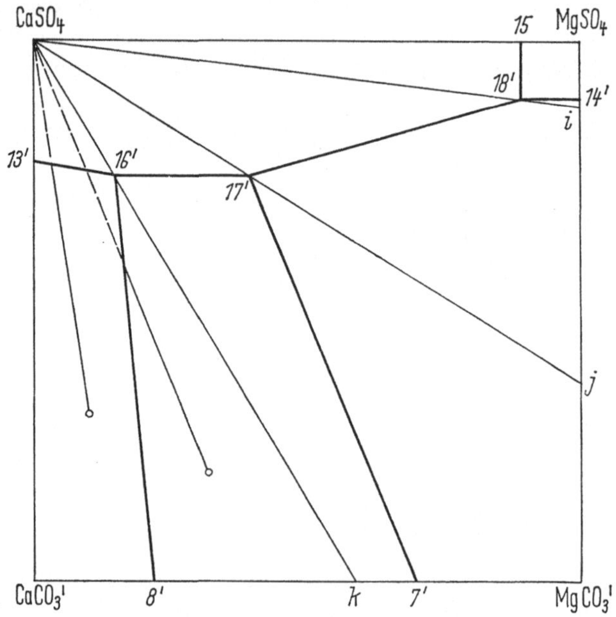

Abb. 40. Schematische Darstellung der Reaktionen von Anhydrit mit Lösungen. Die mit einem Strich gekennzeichneten Punkte sind die Schnittpunkte einer von der SO_4^{2-}-Kante des Prismas (Abb. 14) ausgehenden Schnittfläche mit monovarianten Linien des Raumdiagramms. $CaCO_3'$ ist ein Punkt auf der Linie $CaCO_3 - CaCl_2$ (Kurzbezeichnung: $CaCO_3' = CaCO_3 - CaCl_2$). $8' = 8 - 10$, $7' = 7 - 9$, $MgCO_3' = MgCO_3 - MgCl_2$, $13' = 13 - 26$, $16' = 16 - 22$, $17' = 17 - 23$, $18' = 18 - 24$, $14' = 14 - 25$

Es ist zu beachten, daß die auf graphischem Weg gewonnene Übersicht auch zu falschen Resultaten führen kann. So nimmt z. B. die Gesamtkonzentration der Lösungen an der Phasengrenze Karbonate—Anhydrit in der Nähe des Randsystems $CaCO_3 - MgCO_3 - CaSO_4 - MgSO_4$ entlang der Linie $13' - 16' - 17' - 18'$ zu. Bei der Reaktion von Dolomit oder Magnesit mit Lösungen, die im Feld $13' - CaSO_4 - c - 16'$ (Abb. 38) nahe an der Linie $CaSO_4' - c$ oder im Feld $13' - f - 16'$ (Abb. 39) in der Nähe von f liegen, kann daher der Fall eintreten, daß die Sättigungskonzentrationen an den Punkten E (Abb. 38) oder G (Abb. 39) nicht erreicht werden. Es kann sich also kein Anhydrit bilden, und die Phasengrenzen müssen in Richtung der gestrichelten Linien überschritten werden. Im Fall der Reaktion mit Dolomit wird daher nicht Punkt 16', sondern das Gleichgewicht F auf der Linie $8 - 16'$ erreicht. Bei der Reaktion mit Magnesit entsteht zunächst auch Calcit, der sich jedoch bei H unter Bildung von Dolomit umsetzt. Die Reaktion hört am Punkt I auf.

Eindeutige Ergebnisse liefert die rechnerische Behandlung. Bei der quantitativen Formulierung der Reaktionen dürfen die bei der Beschreibung der einzelnen Systeme angegebenen Gleichungen nicht verwendet werden, da sie nur den Reaktionsablauf schematisch erkennen lassen und in dieser Form mit der Phasenregel nicht in Einklang stehen. Die Formulierung $CaCO_3 + MgSO_4 \rightleftarrows MgCO_3 + CaSO_4$ des Gleichgewichts 18 steht mit den tatsächlichen Verhältnissen im Widerspruch, da $CaCO_3$ mit den übrigen Verbindungen nicht im Gleichgewicht sein kann. Der richtige Ausdruck (unter Vernachlässigung des Dampfes) muß lauten: $MgSO_4 + MgCO_3 + CaSO_4 \rightleftarrows$ Lösung 18. Hierbei ist berücksichtigt, daß $MgSO_4$, $MgCO_3$ und $CaSO_4$ als Bodenkörper auftreten, und $CaCO_3$ ausschließlich in der quaternären Gleichgewichtslösung vorhanden ist.

Von Wichtigkeit sind die rechnerischen Ansätze für die invarianten Punkte. Sie gelten sowohl für die Umsätze von Lösungen mit den Mineralassoziationen dieser Punkte als auch für Reaktionen zwischen Lösungen und einem oder zwei Festkörpern, bei denen die Lösungen der invarianten Punkte gebildet werden. Die Ansätze lauten für die hier behandelten Schnitte durch das quinäre System:

x Calcit $+ y$ Dolomit $+ z$ Anhydrit $+$ Reaktionslösung $\rightarrow$ Lösung 16 '

x Magnesit $+ y$ Dolomit $+ z$ Anhydrit $+$ Reaktionslösung $\rightarrow$ Lösung 17 '

Für die Berechnung werden am zweckmäßigsten die molaren Zusammensetzungen der Lösungen (bezogen auf 1000 Mole H_2O) und der Bodenkörper nach den Komponenten aufgeschlüsselt. Man erhält hiermit für den Fall niedrigster Varianz in einem System eben so viele Gleichungen wie Unbekannte vorhanden sind (s. a. BRAITSCH, 1962), die nach einer beliebigen Rechenregel aufgelöst werden können. Im vorliegenden Fall wurden die Komponenten noch zusätzlich in Ionen aufgeteilt. Ferner ist es zweckmäßig, wenn die Festkörper und die Reaktionslösung auf der einen Seite und die Gleichgewichtslösung auf der anderen Seite der Gleichung stehen. Das Vorzeichen des Resultats gibt an, welche Bodenkörper gebildet oder verbraucht werden. Ist das Ergebnis positiv, wird der Festkörper verbraucht. Wenn das Vorzeichen negativ ist, wird eine feste Substanz abgeschieden.

Im folgenden werden die Umsätze für einige wichtige Fälle der Karbonat- und Sulfatbildung bei einer Diagenesetemperatur von 80 °C behandelt. Es wird der Grenzfall eines Schnitts betrachtet, der praktisch identisch ist mit dem quaternären Randsystem $CaCO_3 - MgCO_3 - CaSO_4 - MgSO_4 - H_2O$. Es können daher die Daten dieses Systems verwendet werden. Die Zusammensetzungen der Reaktionslösungen sowie die der Lösungen 13 — 16 und 16 — 17 wurden durch Interpolationen erhalten. Für die Entstehung von Dolomit und Anhydrit in Kalksteinen gilt:

	x C	$+ \; y$ D	$+ \; z$ A	$+ \; u$ Reak.-Lg	$\xrightarrow{80°}$	v Lg 16
Ca^{2+}	1	1	1	$13{,}3 \cdot 10^{-2}$		$14{,}5 \cdot 10^{-2}$
Mg^{2+}	—	1	—	3,7 "		1,9 "
CO_3^{2-}	1	2	—	1,7 "		4,0 "
SO_4^{2-}	—	—	1	15,3 "		12,4 "
H_2O	—	—	—	1000		1000

C = Calcit; D = Dolomit; A = Anhydrit

Die Rechnung ergibt: $x = +5{,}9 \cdot 10^{-2}$, $y = -1{,}8 \cdot 10^{-2}$, $z = -2{,}9 \cdot 10^{-2}$, $u = v = 1$. Die Größen u und v sind identisch, da keine Hydrate gebildet werden, und die Wassermenge daher unverändert bleibt. Unter Normierung auf 1 Mol Calcit lautet der Umsatz:

1 Mol Calcit $+$ 16,9 Reaktionslösung $\xrightarrow{80°}$ 0,3 Mol Dolomit $+$ 0,5 Mol Anhydrit $+$ 16,9 Lösung 16.

Die Bildung von Magnesit und Anhydrit aus Dolomit wird nach dem gleichen Schema berechnet und ergibt mit einer Reaktionslösung der Zusammensetzung Ca^{2+}: 14,4, Mg^{2+}: 9,6, CO_3^{2-}: 2,4, SO_4^{2-}: 21,6 Mole $\cdot$ 10^{-2} / 1000 Mole H_2O und der Gleichgewichtslösung 17 Ca^{2+}: 12,0, Mg^{2+}: 6,3, CO_3^{2-}: 4,3, SO_4^{2-}: 14,0 Mole $\cdot$ 10^{-2} / 1000 Mole H_2O bezogen auf 1 Mol Dolomit:

1 Mol Dolomit $+$ 19,2 Reaktionslösung $\xrightarrow{80°}$ 1,6 Mole Magnesit $+$ 1,5 Mole Anhydrit $+$ 19,2 Lösung 17.

Für die Entstehung von Anhydrit in Kalksteinen gilt:

	x C	$+$	y A	$+$	u Reak.-Lg	$\xrightarrow{80°}$	v Lg 13 — 16
Ca^{2+}	1		1		$13{,}9 \cdot 10^{-2}$		$14{,}8 \cdot 10^{-2}$
Mg^{2+}	—		—		0,9 "		0,9 "
CO_3^{2-}	1		—		1,5 "		3,8 "
SO_4^{2-}	—		1		13,3 "		11,9 "
H_2O	—		—		1000		1000

Das Ergebnis lautet: $x = +2{,}3 \cdot 10^{-2}$, $y = -1{,}4 \cdot 10^{-2}$, $u = v = 1$ oder unter Umrechnung auf 1 Mol Calcit:

1 Mol Calcit $+$ 43,5 Reaktionslösung $\xrightarrow{80°}$ 0,6 Mol Anhydrit $+$ 43,5 Lösung 13 — 16.

Die Entstehung von Dolomit aus Anhydrit ergibt nach einem ähnlichen Ansatz, bezogen auf 1 Mol Anhydrit:

1 Mol Anhydrit $+$ 15,2 Reaktionslösung $\xrightarrow{80°}$ 0,2 Mol Dolomit $+$ 15,2 Lösung 16—17.

Für die Berechnung wurden die Reaktionslösung Ca^{2+}: 9,1, Mg^{2+}: 3,9, CO_3^{2-}: 6,8, SO_4^{2-}: 6,2 Mole $\cdot$ 10^{-2} / 1000 Mole H_2O und eine Lösung 16 — 17 der Zusammensetzung Ca^{2+}: 14,4, Mg^{2+}: 2,6, CO_3^{2-}: 4,2, SO_4^{2-}: 12,8 Mole $\cdot$ 10^{-2} / 1000 Mole H_2O verwendet.

4. Dolomitisierung

Unter dem Begriff Dolomitisierung sollten alle Vorgänge verstanden werden, durch die es zur Bildung von Dolomit kommt. Im Bereich der Diagenese werden mit dieser Definition alle Reaktionen von Festkörpern der hier behandelten Systeme mit Lösungen des Dolomitfelds erfaßt.

Am häufigsten ist die Bildung von Dolomit aus $CaCO_3$. Dieser Vorgang findet sowohl während der Frühdiagenese als auch im Verlauf der Spätdiagenese statt. Petrographische Untersuchungen zeigen, daß die spätdiagenetische Dolomitisierung großräumig und auch in eng begrenzten Bereichen in Karbonatgesteinen und anderen karbonatischen Sedimenten auftritt. Sie ist gewöhnlich als Reaktion von Kalken mit zirkulierenden Porenlösungen aufzufassen. Die erforderlichen Porenwässer sind im allgemeinen senäre Lösungen. In Einzelfällen können aber auch quinäre, quaternäre und ternäre Lösungen wirksam gewesen sein.

Wie aus den experimentellen Untersuchungen hervorgeht, ist die Dolomitbildung von der Temperatur und den Konzentrationen der Lösungen abhängig. Bei der Frühdiagenese herrschen verhältnismäßig niedrige Temperaturen. Dolomitartige Karbonate bilden sich daher nur unter der Einwirkung von relativ konzentrierten Lösungen. Im Verlauf der spätdiagenetischen Dolomitbildung liegen im allgemeinen höhere Temperaturen vor und außerdem steht viel Zeit zur Verfügung, so daß sich die Gleichgewichte auch in verdünnten Lösungen einstellen können. Oft beobachtete Relikte von Calcit in spätdiagenetisch entstandenen Dolomitgesteinen lassen erkennen, daß die Gleichgewichte unter den Bedingungen der Spätdiagenese erreicht worden sind. Die Reaktionskinetik der spätdiagenetischen Dolomitisierung darf also im allgemeinen als unabhängig von den Konzentrationen der Lösungen angesehen werden.

Die Häufigkeitsstatistik der Abb. 35 zeigt, daß in der Natur Porenlösungen mit einem molaren Ca/Mg-Verhältnis von etwa 1,9(30—40 Mol-$^0/_0$ Mg^{2+}) und jeweils einem überwiegenden Anion besonders häufig sind. Die absoluten Gehalte dieser Lösungen an Ca^{2+}, Mg^{2+}, CO_3^{2-}, SO_4^{2-} und Cl_2^{2-} sowie die NaCl-Konzentrationen können stark variieren. In der Abb. 41 sind in das Häufigkeitsdiagramm der relativen Ca- und Mg-Konzentrationen die mittleren Werte der Gleichgewichte eingetragen, die im quinären und senären System die Umrandung der Phasengrenzen zwischen Calcit und Dolomit sowie zwischen Dolomit und Magnesit bilden. Man erkennt, daß ein großer Teil der Porenlösungen mehr Mg^{2+} enthält als dem Gleichgewicht zwischen Calcit und Dolomit entspricht. In den meisten Fällen, in denen Porenlösungen auf Kalke treffen, muß also eine Reaktion unter Bildung von Dolomit eintreten. Bei einer Temperatur von 80 °C befindet sich die mittlere Lage des Gleichgewichts zwischen Calcit und Dolomit bei etwa 18 Mol-$^0/_0$ Mg^{2+} und die mittlere Lage des Gleichgewichts zwischen Dolomit und Magnesit bei ungefähr 58 Mol-$^0/_0$ Mg^{2+} in der Lösung. Die Häufigkeit der Porenlösungen, die im Calcitfeld liegen, beträgt, bezogen auf 80 °C annähernd 13$^0/_0$. Die Porenlösungen im Dolomitfeld haben eine Häufigkeit von ungefähr 76$^0/_0$ und die Häufigkeit der Porenwässer des Magnesitfeldes beträgt etwa 11$^0/_0$. Bei 80 °C wird also in 76$^0/_0$ aller Fälle, in denen Porenlösungen auf Kalke treffen, unmittelbar Dolomit gebildet. In 11$^0/_0$ aller Fälle entsteht zunächst Magnesit, der aber mit der Lösung unter Bildung von Dolomit reagiert, wenn die ursprüngliche Lösung des Magnesitfeldes infolge des Mg-Verbrauchs die Phasengrenze Magnesit—Dolomit erreicht hat. Die Wahrscheinlichkeit der Dolomitbildung beträgt also 76 + 11 = 87$^0/_0$. Nur in 13$^0/_0$ aller Fälle, in denen Porenlösungen auf Kalke treffen, findet keine Reaktion statt. Für höhere Temperaturen als 80 °C wird die Wahrscheinlichkeit der Dolomitisierung noch größer. Mit fallender Temperatur nimmt sie ab, da sich das

Gleichgewicht zwischen Calcit und Dolomit im Temperaturgefälle in Richtung auf
größere Mg-Konzentrationen verschiebt.

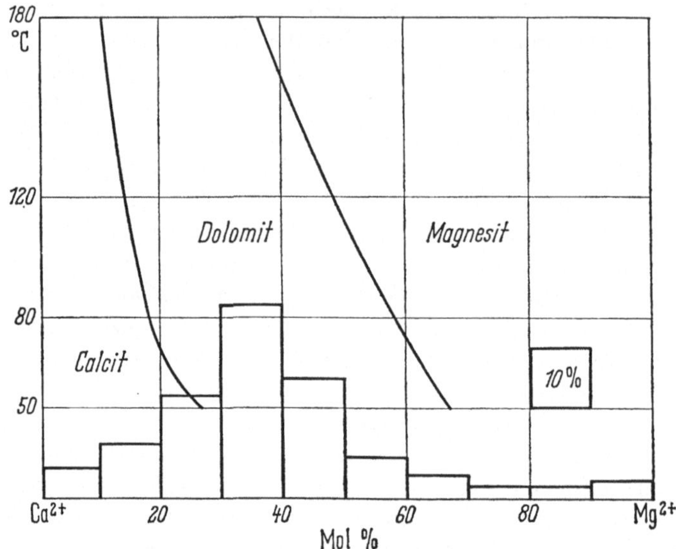

Abb. 41. Die mittleren Lagen der Gleichgewichte zwischen Calcit und Dolomit sowie zwischen
Magnesit und Dolomit und die Häufigkeitsverteilung von Ca^{2+} und Mg^{2+} in Porenlösungen

Für eine Berechnung der Umsätze bei der Dolomitbildung aus Kalken und Porenlösungen müssen auch die Anionen der Porenwässer berücksichtigt werden. Aus der
Abb. 35 geht hervor, daß Porenlösungen mit jeweils einem überwiegenden Anion
besonders häufig sind. Die relativen Anionenkonzentrationen der häufigsten Lösungen
entsprechen somit denen der isotherm und isobar invarianten Punkte, die im quinären
und senären System die Umrandung des Gleichgewichts zwischen Calcit und Dolomit
bilden (Punkte 8, 10, 22 und 16, Abb. 14). Den besten Überblick über die Variabilität der Umsätze erhält man daher, wenn für den Fall der NaCl-Sättigung und
-Freiheit die Dolomitmengen berechnet werden, die sich aus $CaCO_3$ und solchen
Lösungen bilden, deren Anionenkonzentrationen denen der invarianten Punkte entsprechen und deren Ca/Mg-Verhältnis außerdem gleich dem der häufigsten Porenlösungen ist. Eine Bildung von Erdalkali-Chloriden und $CaSO_4$ wird hierbei aus-
geschlossen.

Die Reaktion an der Phasengrenze Calcit — Dolomit erfolgt nach dem Schema:

$$2\,CaCO_3 + Mg^{2+} + (CO_3, Cl_2, SO_4)^{2-} \rightleftarrows CaMg(CO_3)_2 + Ca^{2+} + (CO_3, Cl_2, SO_4)^{2-}.$$

Als quantitativer Ansatz gilt:

$$x\,Calcit + y\,Dolomit + Reaktionslösung \xrightarrow{80°} Gleichgewichtslösung.$$

Die hiernach mit den Daten der Tabelle 5 berechneten und auf 1 Mol Calcit be-
zogenen Umsätze sind in der Tab. 6 enthalten. Da das Gleichgewicht zwischen Dolo-

mit und Calcit im quinären und senären System isobar und isotherm divariant ist (Freiheitsgrade sind die Mischungsverhältnisse von Ca^{2+} und Mg^{2+} sowie von CO_3^{2-}, Cl_2^{2-} und SO_4^{2-}), sind unter diesen Verhältnissen bereits Umsätze mit Lösungen eines konstanten Ca/Mg-Quotienten verschieden. Das für die Umwandlung einer bestimm-

Tabelle 5. *Lösungen für die Berechnung der Umsätze bei der Dolomitisierung.*
Konzentrationen in Mole / 1000 Mole H_2O. ( ) = NaCl-Sättigung

	Reaktionslösung		Gleichgewichtslösung	
Punkt 8				
Ca^{2+}:	$4,9 \cdot 10^{-2}$	$(11,4 \cdot 10^{-2})$	$5,2 \cdot 10^{-2}$	$(12,9 \cdot 10^{-2})$
Mg^{2+}:	2,6 "	(6,1 ")	1,5 "	(3,5 ")
CO_3^{2-}:	7,5 "	(17,5 ")	6,7 "	(16,4 ")
Punkt 16				
Ca^{2+}:	$11,7 \cdot 10^{-2}$	$(35,8 \cdot 10^{-2})$	$14,5 \cdot 10^{-2}$	$(45,5 \cdot 10^{-2})$
Mg^{2+}:	6,3 "	(19,2 ")	1,9 "	(5,0 ")
CO_3^{2-}:	5,6 "	(8,4 ")	4,0 "	(3,9 ")
SO_4^{2-}:	12,4 "	(46,6 ")	12,4 "	(46,6 ")
Punkte 10, 23				
Ca^{2+}:	80,6	(80,6)	100,8	(102,6)
Mg^{2+}:	43,4	(43,4)	23,2	(21,4)
CO_3^{2-}:	0,2	(0,2)	0,2	(0,2)
Cl_2^{2-}:	123,8	(123,8)	123,8	(123,8)

ten Calcitmenge erforderliche Wasser nimmt mit zunehmender Entfernung der Lösung von der Cl_2^{2-}-Ecke zu, da im quinären und senären System die Sättigungskonzentrationen der Lösungen mit wachsender Entfernung von der Chlorid-Kante abnehmen. Unter Umrechnung auf 1 km^3 Kalkstein ergeben sich die Daten der Tab. 7. Man

Tabelle 6. *Umsätze an der Umrandung des Gleichgewichts zwischen Calcit und Dolomit (80 °C). Das Ca/Mg-Verhältnis der Reaktionslösungen ist konstant. ( ) = Umsätze bei Sättigung an NaCl*

Umsatz am Punkt	Mole Calcit	Mole Dolomit		Mole H_2O	
8	1	0,79	(0,63)	$71,5 \cdot 10^3$	$(24,4 \cdot 10^3)$
16	1	0,61	(0,59)	$13,9 \cdot 10^3$	$(4,2 \cdot 10^3)$
10,23	1	0,5	(0,5)	24,8	(23,8)

erkennt, daß die Umsätze im quinären und senären System in den gleichen Größenordnungen liegen. Die erforderliche Wassermenge beträgt ein Vielfaches der Festkörper. Von Wichtigkeit ist, daß bei der Dolomitisierung sowohl positive als auch negative Volumenänderungen auftreten. Eine Volumenabnahme findet bei der Reaktion mit stärker konzentrierten Lösungen statt, und eine Volumenzunahme tritt beim Umsatz mit schwächer konzentrierten Lösungen ein.

Die Divarianz des Gleichgewichts zwischen Calcit und Dolomit läßt erkennen, warum in spätdiagenetisch entstandenen Dolomiten andere Isotopenverhältnisse vorliegen als in frühdiagenetischen. Nebeneinander vorkommende rezente Calcite und Dolomite haben ähnliche O- und C-Isotopenverhältnisse. Sie entsprechen denen, die für Calcit erwartet werden können, der im Isotopengleichgewicht mit seiner Umgebung gebildet wird. Diese Daten lassen erkennen, daß Dolomit nicht aus wäßrigen Lösungen gefällt wird, sondern durch die Reaktion von Mg^{2+} mit bereits vorliegendem $CaCO_3$ entsteht. Da hierbei keine Isotopenfraktionierung stattfindet, muß bei

Tabelle 7. *Umsätze bei der Dolomitisierung an verschiedenen Punkten des Gleichgewichts (80 °C). ( ) = Daten für die Sättigung an NaCl*

Umsatz am Punkt		Calcit	Dolomit		H_2O		Dolomit — Calcit
8	Tonnen	$2,72 \cdot 10^9$	$3,97 \cdot 10^9$	$(3,16 \cdot 10^9)$	$3,51 \cdot 10^{13}$	$(1,19 \cdot 10^{13})$	$+1,25 \cdot 10^9$
							$(+0,44 \cdot 10^9)$
	km³	1	1,37	(1,09)	$3,51 \cdot 10^4$	$(1,19 \cdot 10^4)$	$+0,37$
							$(+0,10)$
16	Tonnen	$2,72 \cdot 10^9$	$3,04 \cdot 10^9$	$(2,99 \cdot 10^9)$	$6,8 \cdot 10^{12}$	$(2,06 \cdot 10^{12})$	$+0,32 \cdot 10^9$
							$(+0,27 \cdot 10^9)$
	km³	1	1,06	(1,03)	$6,8 \cdot 10^3$	$(2,06 \cdot 10^3)$	$+0,06$
							$(+0,03)$
10,23	Tonnen	$2,72 \cdot 10^9$	$2,50 \cdot 10^9$	$(2,50 \cdot 10^9)$	$1,21 \cdot 10^{10}$	$(1,17 \cdot 10^{10})$	$-0,22 \cdot 10^9$
							$(-0,22 \cdot 10^9)$
	km³	1	0,86	(0,86)	$1,21 \cdot 10^1$	$(1,17 \cdot 10^1)$	$-0,14$
							$(-0,14)$

der Reaktion im wesentlichen ein Kationenaustausch erfolgen. Spätdiagenetische Dolomite haben gegenüber rezenten frühdiagenetischen und älteren frühdiagenetischen Dolomiten kleinere δ-O^{18}-Werte (DEGENS u. EPSTEIN, 1964). Im quinären und senären System ist ein Umsatz bei dem der CO_3^{2-}-Bestand des entstehenden Dolomits gleich dem des vorliegenden $CaCO_3$ ist, nur an den Punkten 10 und 22 oder in der Nähe dieser Punkte möglich. Es bilden sich hier aus 1 Mol $CaCO_3$ 0,5 Mol $CaMg(CO_3)_2$. An den Punkten 8 und 16 ist die Menge des gebildeten Dolomits jedoch größer als einem einfachen Austausch der Kationen entspricht. Hier sind zusätzlich Ca^{2+}, Mg^{2+} und CO_3^{2-} mit der Lösung herangeführt und als Dolomit abgeschieden worden. Spätdiagenetische Dolomite müssen daher andere Isotopenverhältnisse haben als frühdiagenetische, wenn sich die Reaktionslösungen nicht in der Nähe der Cl_2^{2-}-Kante des Systems befanden. Die mittlere Abweichung der Isotopenverhältnisse von früh- und spätdiagenetischen Dolomiten zeigt, daß die Reaktionslösungen der Spätdiagenese eine durchschnittliche Zusammensetzung besaßen durch die über den Ca—Mg-Austausch hinaus noch zusätzlich Dolomit gebildet wurde.

Die spätdiagenetische Entstehung von Dolomiten macht auch verständlich, daß unter älteren Karbonatgesteinen stets mehr Dolomite anzutreffen sind als unter jüngeren. Je älter ein Kalkstein wird, desto größer wird auch die Wahrscheinlichkeit, daß auf ihn Porenlösungen treffen, die einen für die Dolomitisierung ausreichenden Ca/Mg-Quotienten haben. Mit zunehmendem Alter steigt ferner die Wahrscheinlichkeit, daß ein Gestein in größere Erdtiefen versenkt wird und eine Temperaturerhöhung erfährt. Wenn aufgrund der Zusammensetzungen der Porenlösungen, die in einem Krustenteil zirkulieren, ein Kalkstein bei relativ niedrigen Temperaturen nicht mit den Lösungen unter Bildung von Dolomit reagiert, muß dieser Umsatz jedoch bei einer Temperaturerhöhung einsetzen, da sich das Gleichgewicht zwischen Calcit und Dolomit mit steigender Temperatur in Richtung auf ein größeres Ca/Mg-Verhältnis verschiebt (Abb. 41). Befinden sich z. B. in einem Krustenteil Lösungen mit einem Mg-Gehalt von 18 Mol-%, so sind diese Lösungen bei 50 °C mit Calcit stabil. Wird der betreffende Krustenteil aber erwärmt, wird im Temperaturanstieg die mittlere Lage der Phasengrenze Dolomit—Calcit bei etwa 80 °C erreicht. Beim Überschreiten dieser Temperatur treten die Lösungen in das Dolomitfeld ein und sind nun in der Lage Kalke in Dolomite umzuwandeln.

Die Auffassung, daß sich für einen Kalkstein die Wahrscheinlichkeit der Dolomitisierung mit zunehmendem Alter erhöht, wird durch Untersuchungen über die zeitliche Änderung des Ca/Mg-Verhältnisses in Karbonatgesteinen gestützt. Die Variationskurve für die Verhältnisse in N-Amerika (Abb. 42) zeigt vom Präkambrium

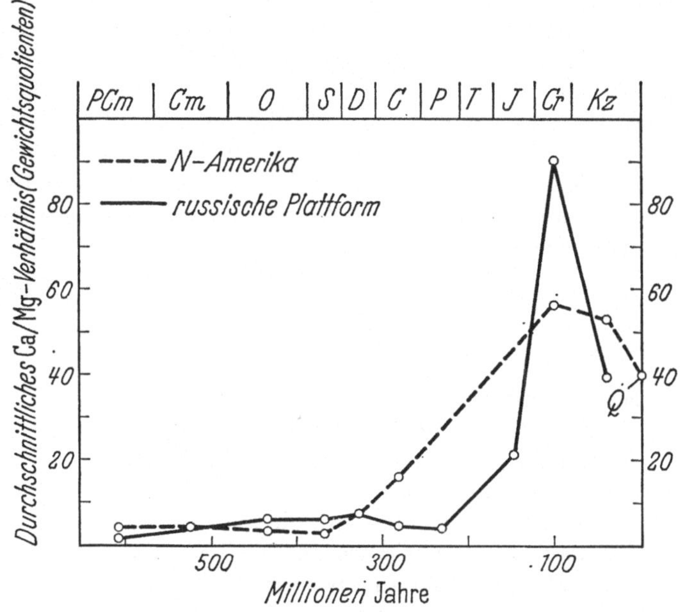

Abb. 42. Variation des Ca/Mg-Verhältnisses von sedimentären Karbonatgesteinen in Abhängigkeit vom Alter der Gesteine (nach Ronov, 1959). Q: quartäre und rezente Karbonate

bis zum Devon Ca/Mg-Quotienten zwischen 3 und 7 (Daly, 1909; Chilingar, 1956). Das Verhältnis steigt dann bis zur Kreide stark an und wird anschließend wieder kleiner. Die für die russische Plattform geltende Kurve zeigt einen ähnlichen Verlauf. Vom Präkambrium bis zum Perm variiert sie zwischen Ca/Mg-Verhältnissen von 2 bis 7. Das Maximum liegt ebenfalls in der Kreide. Auch für die Karbonatgesteine Chinas ergibt sich eine Kurve, die denen der Abb. 42 ähnlich ist (Ronov, 1959). Die Punkte der Kurven sind Mittelwerte. Innerhalb einzelner Zeitabschnitte kann das Ca/Mg-Verhältnis stark schwanken. Die Zunahme des Ca-Gehalts der Karbonatgesteine mit der Zeit erfolgt daher nur im statistischen Mittel kontinuierlich.

Die Altersabhängigkeit des Ca/Mg-Verhältnisses in Karbonatgesteinen ist bereits mehrfach interpretiert worden. Nach Ronov und Chilingar kommt hierdurch zum Ausdruck, daß in der Zeit vom Präkambrium bis zum Devon aufgrund eines größeren

CO_2-Partialdrucks in der Erdatmosphäre Dolomit direkt aus dem Meerwasser gefällt worden ist, und daß die Dolomitbildung mit fortschreitender Verminderung des CO_2-Partialdrucks in eine $CaCO_3$-Abscheidung übergegangen ist. Mit dieser Vorstellung wird angenommen, daß auch in früheren Zeiten das Meerwasser im Stabilitätsbereich des Dolomits gelegen hat. Im Gegensatz zu heute sollen aber aufgrund des höheren CO_2-Partialdrucks die Beträge für die Keimbildungsarbeit von Dolomit erreicht worden sein. Diese Interpretation stützt sich auf Experimente von KAZAKOV u. Mitarb. (zit. nach RONOV, 1959) und CHILINGAR (1956). CHILINGAR konnte aus Meerwasser, in dem $CaCO_3$ und $MgCO_3$ gelöst waren, bei 4 Atm. CO_2-Druck und (vermutlich) Raumtemperatur Dolomit herstellen. Obwohl dieses Experiment zur Synthese von Dolomit geführt hat, stellt es kein zwingendes Argument für die direkte Abscheidung von Dolomit aus dem Meerwasser dar, da der verwendete CO_2-Druck wohl auch für paläozoische Verhältnisse zu hoch sein dürfte. Dem Modell von RONOV und CHILINGAR kommt daher weniger Wahrscheinlichkeit zu als der Vorstellung, daß mit zunehmendem Alter eines Kalksteins die Wahrscheinlichkeit der Dolomitisierung steigt. Nach der ersten Auffassung sollten unter älteren Karbonatgesteinen keine Kalke und unter jüngeren keine Dolomite zu finden sein. In älteren wie in jüngeren Gesteinen liegen jedoch Kalksteine und Dolomite nebeneinander vor. Hieraus ergibt sich, daß auch in früheren Perioden der Erdgeschichte keine direkte Dolomitbildung sondern ebenfalls eine metastabile Abscheidung von $CaCO_3$ stattgefunden hat.

5. Dedolomitisierung

Unter dem Begriff Dedolomitisierung sollte man alle Prozesse verstehen, durch die das Mineral Dolomit umgesetzt wird. Mit dieser Definition werden im Bereich der Diagenese alle Reaktionen von Dolomit mit Lösungen des quinären oder senären Systems erfaßt. Aus Dolomit können infolge der Reaktion mit Lösungen Calcit, Magnesit, Anhydrit und auch Ca—Mg-Chloridhydrate entstehen. Alle diese Prozesse wären als Dedolomitisierung zu bezeichnen. Man versteht jedoch hierunter nur solche Vorgänge, durch die Dolomite in Kalke oder in $CaCO_3$ und $CaSO_4$ umgewandelt werden.

Die Dedolomitisierung tritt nur im Verlauf der Spätdiagenese auf. Sie kann, ebenso wie die spätdiagenetische Dolomitbildung, recht unterschiedliche Dimensionen annehmen und sowohl größere als auch kleinere Bereiche von Karbonatgesteinen erfassen. Im Gegensatz zur Dolomitbildung tritt sie jedoch nur relativ selten auf. Petrographische Untersuchungen über die Dedolomitisierung wurden in neuerer Zeit von BAUSCH (1965), BRADDOCK u. BOWLES (1963), LUCIA (1961) und SHEARMAN, KHOURI u. TAHA (1961) durchgeführt.

Der Definition im engeren Sinn entsprechend, ist für die Dedolomitisierung im Bereich der Diagenese hauptsächlich das Gleichgewicht der Fläche $8-16-22-10$ des quinären und senären Systems maßgebend. Hier laufen die bei der Dolomitisierung auftretenden Reaktionen in entgegengesetzter Richtung ab. Die umgesetzten Mengen sind auch hier wegen des divarianten Gleichgewichts unter isothermen und isobaren Verhältnissen bereits bei einem konstanten Ca/Mg-Quotienten der Reaktionslösungen verschieden. Sie liegen an den einzelnen Punkten des Gleichgewichts in den gleichen Größenordnungen, die bei der Dolomitisierung auftreten.

Die polythermen Verhältnisse sollen unter Berücksichtigung der Anhydritbildung in Karbonatgesteinen für den Fall behandelt werden, daß eine aus einem Anhydritgestein kommende quinäre Lösung in einen Dolomit gelangt, hier reagiert und anschließend bei anderen Temperaturen auf Dolomit- und Kalkablagerungen trifft. Der Chloridgehalt der Lösung soll etwa 0,3 Mole / 1000 Mole H_2O betragen, so daß ein Schnitt durch das Prisma verwendet werden kann, der dicht am quaternären Randsystem $CaCO_3 - MgCO_3 - CaSO_4 - MgSO_4 - H_2O$ liegt (Abb. 43). Die Zusammensetzungen der quinären Lösungen können daher in erster Näherung aus den Daten des quaternären Systems abgeleitet werden. In der Tab. 8 sind die Zusammensetzungen der für die quantitativen Beispiele verwendeten Lösungen zusammengestellt.

Man erkennt leicht. daß die Dedolomitisierung nur mit Lösungen möglich ist, deren Zusammensetzungen im Feld $CaSO_4' - X - 16' - 8 - CaCO_3$ liegen. Dolomit muß mit der Lösung Y unter Bildung von Calcit und der Lösung S reagieren. Bei der Reaktion der Lösung R mit Dolomit bildet sich zunächst Anhydrit. Hierbei ändert sich die Zusammensetzung der Lösung entlang $R - Q$. Am Punkt Q bildet sich zusätzlich Calcit, und die Reaktion schreitet auf der Linie $Q - 16'$ fort, bis die Lösung den Punkt $16'$ erreicht hat.

Tabelle 8. *Lösungen für die Berechnung der Umsätze bei der Dedolomitisierung. Konzentrationen in Mole / 1000 Mole H_2O. Den Lösungszusammensetzungen liegen die Daten des Systems $Ca^{2+} - Mg^{2+} - CO_3^{2-} - SO_4^{2-} - H_2O$ zugrunde. Die Ca- und Mg-Gehalte sind im Verhältnis der Gleichgewichtskonzentrationen dieser Ionen im quaternären System um einen dem Cl_2^{2-}-Gehalt äquivalenten Betrag erhöht. Einige Zusammensetzungen wurden durch Interpolationen ermittelt*

Lösung	R_{80}	$(16')_{80}$	$(16')_{120}$	S_{50}
Ca^{2+}:	$47{,}6 \cdot 10^{-2}$	$44{,}3 \cdot 10^{-2}$	$37{,}4 \cdot 10^{-2}$	$49{,}1 \cdot 10^{-2}$
Mg^{2+}:	—	5,7 "	4,3 "	8,3 "
CO_3^{2-}:	1,4 "	4,0 "	2,0 "	11,2 "
SO_4^{2-}:	12,6 "	12,4 "	6,1 "	12,6 "
Cl_2^{2-}:	33,6 "	33,6 "	33,6 "	33,6 "

Lösung	W_{50}	V_{50}	T_{120}
Ca^{2+}:	$47{,}6 \cdot 10^{-2}$	$50{,}9 \cdot 10^{-2}$	33,6 "
Mg^{2+}:	9,8 "	5,7 "	2,0 "
CO_3^{2-}:	11,4 "	10,6 "	4,7 "
SO_4^{2-}:	12,4 "	12,4 "	6,3 "
Cl_2^{2-}:	33,6 "	33,6 "	$37{,}2 \cdot 10^{-2}$

Bei der Reaktion der aus dem Anhydritgestein kommenden, bei 80 °C gesättigten Lösung R_{80} mit Dolomit entstehen aus 1 Mol Dolomit 1,6 Mole Calcit, 0,04 Mol Anhydrit und 17,5 Lösung $(16')_{80}$. Gelangt die gleiche bei 80 °C gesättigte Lösung R_{80} jedoch in einen Dolomit, in dem sie auf 120 °C erwärmt wird, bilden sich aus 1 Mol Dolomit 1,9 Mole Calcit, 1,5 Mole Anhydrit und 23,2 Lösung $(16')_{120}$, die bei 120 °C gesättigt ist. Hier überlagern sich zwei Effekte: 1. die Reaktion von Dolomit mit der Lösung und 2. die Auswirkungen der negativen Lösungsenthalpien der Bodenkörper. Da die bei 80 °C gesättigte Lösung im Temperaturanstieg übersättigt wird, müssen bei 120 °C noch zusätzlich Dolomit und Anhydrit ausfallen. Die Mengen der Neubildungen sind daher größer. Gelangt die bei 80 °C gesättigte Lösung in einen Dolomit, in dem sie auf 50 °C abgekühlt wird, ist sie untersättigt. Die Zusammensetzung der Lösung ändert sich daher bei der Reaktion nicht mehr entlang der Linie $R-Q-16'$, sondern entlang der Linie $R-Q-S$. Der Punkt Q kann über-

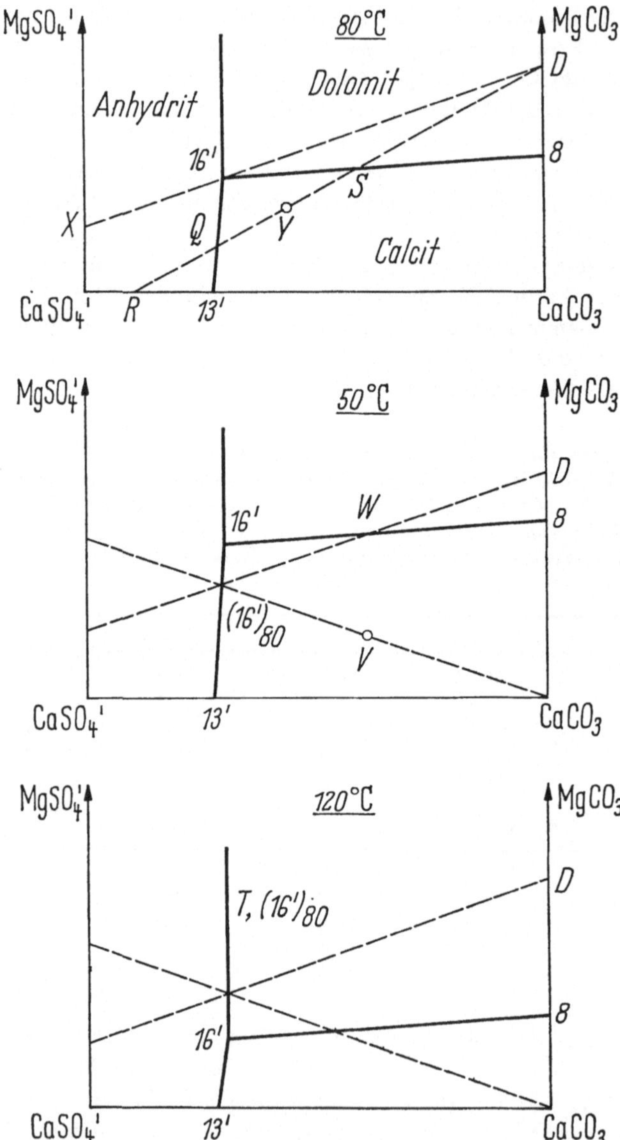

Abb. 43. Schematische Darstellung von Dedolomitisierungsprozessen bei verschiedenen Temperaturen. Schnitte durch das quinäre System mit der Linie $CaCO_3 - MgCO_3$ als Schnittkante

schritten werden, da hier die Sättigungskonzentration noch nicht erreicht ist. Hierbei wird also kein Anhydrit gebildet und der Umsatz lautet: 1 Mol Dolomit + 12,1 Lösung $R_{80} \rightarrow$ 0,8 Mol Calcit + 12,1 Lösung S_{50}.

Die Beispiele zeigen, daß bei der polythermen Dedolomitisierung am Punkt 16'
im Temperaturanstieg nur quantitative Änderungen erfolgen, im Temperaturgefälle
aber auch Änderungen in den Mineralparagenesen auftreten.

Die bei den Reaktionen entstehenden Lösungen sind Gleichgewichtslösungen. Das
gilt aber nur für die Reaktionstemperatur. Bei anderen Temperaturen sind diese
Lösungen durchaus reaktionsfähig. Es sollen daher noch die Fälle verfolgt werden,
in denen die bei der Reaktion bei 80 °C entstandene Lösung $(16')_{80}$ bei 50° und
120 °C in einen Dolomit oder in einen Kalkstein gelangt.

Bei 50 °C liegt der darstellende Punkt der bei 80 °C gesättigten Gleichgewichtslösung nicht mehr am Punkt 16', da sich das Gleichgewicht 16' mit fallender Temperatur zur Mg-reicheren Seite des Systems verschiebt. Trifft die Lösung bei 50 °C auf
einen Dolomit, wird aufgrund der Untersättigung in der bereits beschriebenen Weise
das Gleichgewicht W erreicht. Es werden hierbei aus 1 Mol Dolomit 0,2 Mol Calcit
und 24,4 Lösung W_{50} gebildet. Wird die Lösung dagegen in einem Kalkstein auf
50 °C abgekühlt, tritt keine Reaktion ein. Es löst sich lediglich Calcit auf, und die
entstehende Lösung liegt im Calcitfeld bei V. Hierbei entstehen aus 1 Mol Calcit und
15,1 Lösung $(16')_{80}$ 15,1 Lösung V_{50}. Bei 120 °C liegt der darstellende Punkt der bei
80 °C gesättigten Lösung $(16')_{80}$ an der Phasengrenze Dolomit—Anhydrit, da sich
das Gleichgewicht 16' mit steigender Temperatur in Richtung auf die Ca-reichere
Seite des Systems bewegt. Trifft diese Lösung auf einen Dolomit, erfolgt keine Reaktion. Es scheiden sich aber Dolomit und Anhydrit ab, da die Lösung bei 120 °C
übersättigt ist. Es werden aus 100 Lösung $(16')_{80}$ 1 Mol Dolomit, 6,1 Mole Anhydrit
und 100 Lösung T_{120} gebildet. Trifft die Lösung $(16')_{80}$ bei 120 °C auf einen Kalkstein, müssen sich ebenfalls aufgrund der Übersättigung Anhydrit und Dolomit abscheiden. Da die Lösung aber außerdem nicht mit Calcit im Gleichgewicht ist, reagiert
sie unter weiterer Bildung von Dolomit und Anhydrit bis ihre Zusammensetzung den
Punkt 16' erreicht hat. Es werden hierbei 0,6 Mol Calcit und 71,4 Lösung $(16')_{80}$
verbraucht und 1 Mol Dolomit, 4,5 Mole Anhydrit und 71,4 Lösung $(16')_{120}$ neu
gebildet.

Die bei der Dedolomitisierung entstehenden Gleichgewichtslösungen können also
aufgrund der Änderung der Gleichgewichtslagen und der negativen Lösungsenthalpien
der Bodenkörper beim Temperaturanstieg Dolomite nicht weiter dedolomitisieren
aber in Umkehrung der Reaktion Kalke in Dolomite umwandeln. Im Temperaturgefälle erfolgt mit Calcit dagegen keine Reaktion. Calcit wird nur gelöst, während
Dolomit im Temperaturgefälle weiter dedolomitisiert werden kann, wobei es aber
nicht zur Anhydritbildung kommt.

6. Magnesitbildung

Während Kalke und Dolomite recht häufig unter den Gesteinen der Erdkruste zu
finden sind, treten Magnesitgesteine nur selten auf. Magnesit kann frühdiagenetisch
gebildet werden (s. S. 52) und sich im Verlauf der weiteren Diagenese mit Porenlösungen in Dolomit umwandeln. Die Reaktion erfolgt an der isobar und isotherm
divarianten Fläche 9—23—17—7 des quinären und senären Systems. Hierbei werden Mengen umgesetzt, die größenordnungsmäßig denen der Dolomitbildung aus
Kalken entsprechen. Die Wahrscheinlichkeit der Umwandlung von Magnesit in Dolo-

mit ergibt sich aus der Gegenüberstellung der Gleichgewichtsdaten mit der Häufigkeit von Ca^{2+} und Mg^{2+} in den Porenlösungen. Bei einer Diagenese-Temperatur von 80 °C befindet sich die mittlere Lage des Gleichgewichts zwischen Magnesit und Dolomit bei etwa 58 Mol-% Mg^{2+} in der Lösung (Abb. 41). Die Häufigkeit der Porenlösungen im Calcit-, Dolomit- und Magnesitfeld betragen, bezogen auf 80 °C, ungefähr 13%, 76% und 11%. Hieraus resultiert, daß in $13 + 76 = 89\%$ aller Fälle, in denen Porenlösungen auf Magnesite treffen, eine Dolomitbildung stattfindet. Die Wahrscheinlichkeit, daß frühdiagenetisch entstandene Magnesite über längere Abschnitte der Erdgeschichte erhalten bleiben, ist also klein. Berücksichtigt man ferner die geringe Häufigkeit von frühdiagenetisch gebildetem Magnesit, wird verständlich, daß Magnesite nur selten in sedimentären Gesteinen auftreten.

Auch der umgekehrte Vorgang, die Reaktion von Dolomit mit Porenlösungen unter Bildung von Magnesit, sollte im Verlauf der Spätdiagenese vorkommen. Da sich die meisten Porenlösungen jedoch nicht im Magnesitfeld befinden, ist bei relativ niedrigen Diagenese-Temperaturen eine Dedolomitisierung unter Bildung von Magnesit in größerem Umfang nicht zu erwarten. Porenlösungen, deren relative Mg-Konzentrationen im Magnesitfeld liegen, treten am häufigsten in salinaren Sedimenten oder in der Nähe von Salzlagerstätten auf. Spätdiagenetisch gebildete Magnesite sollten daher hauptsächlich in Evaporiten oder in der Nähe von salinaren Sedimenten zu finden sein. Magnesite in Evaporitserien müssen also nicht unbedingt in Analogie zu rezenten Ablagerungen einen frühdiagenetischen Ursprung haben. So können z. B. die halitischen oder halitisch-anhydritischen Magnesite des Salztons im norddeutschen Zechsteins (LINCK, 1942; LANGBEIN 1963) durch die Reaktion eines anhydritischen Dolomits oder eines Dolomits mit senären Lösungen des Magnesitfeldes sowohl während der Frühdiagenese als auch während der Spätdiagenese entstanden sein.

Eine Reihe von Magnesitgesteinen, z. B. die der Ostalpen, sind im Zusammenhang mit metamorphen Prozessen gebildet worden. Es wird angenommen, daß bei der Metamorphose von ultrabasischen Gesteinen Mg-Ionen mobilisiert wurden, die mit Karbonatgesteinen unter Bildung von Magnesit reagierten (FRIEDRICH, 1959). Die hierbei ablaufenden Vorgänge lassen sich im Prinzip mit den vorliegenden Systemen verfolgen. Es können jedoch noch keine umfangreichen quantitativen Angaben gemacht werden, da für höhere Temperaturen bislang nur wenige Untersuchungen vorliegen. ROSENBERG u. HOLLAND (1964) ermittelten in der Nähe der Chlorid-Seite des Systems $Ca^{2+} - Mg^{2+} - CO_3^{2-} - Cl_2^{2-} - H_2O$ im Intervall von 275 bis 420 °C das Gleichgewicht Calcit — Dolomit zwischen 6,5 und 2,8 Mol-% Mg^{2+}. Die Phasengrenze Dolomit — Magnesit variiert im gleichen Temperaturbereich zwischen 31,8 und 15,1 Mol-% Mg^{2+}. JOHANNES (1966) bestimmte, ebenfalls in der Nähe der Cl_2^{2-}-Seite des gleichen Systems, im Bereich von 200 bis 400 °C bei einem H_2O-Druck von 2000 Bar für das Gleichgewicht Magnesit — Dolomit Werte von 29,5 bis 9,6 Mol-% Mg^{2+} in der fluiden Phase. Außerdem stellte er fest, daß sich dieses Gleichgewicht in Analogie zu den Verhältnissen bei tieferen Temperaturen in der Nähe der CO_3^{2-}-Seite des Systems zu größeren, relativen Mg-Gehalten verschiebt. Der Vergleich dieser Untersuchungen mit den Untersuchungen bei tieferen Temperaturen zeigt, daß sich die Phasenbeziehungen des quaternären Systems $Ca^{2+} - Mg^{2+} - CO_3^{2-} - Cl_2^{2-} - H_2O$ vom Bereich der Diagenese bis zur Grenze der Metamorphose qualitativ nicht voneinander unterscheiden. Die Daten lassen ferner erkennen, daß eine Magnesitbildung im Zusammenhang mit metamorphen Prozessen durch quaternäre Lösungen hervorgerufen werden kann, deren relative Mg-Gehalte noch kleiner sein dürfen als bei der diagenetischen Entstehung von Magnesit. Für das quinäre und senäre System liegen noch keine Untersuchungen bei höheren Temperaturen vor. Es ist jedoch zu erwarten, daß auch hier in Analogie zum quaternären System bis zu Temperaturen, die in das Gebiet der Metamorphose reichen, qualitativ keine prinzipiellen Veränderungen der Phasenbeziehungen gegenüber den Verhältnissen bei tieferen Temperaturen auftreten. Man darf also annehmen, daß die Magnesitbildung im Zusammenhang mit metamorphen Prozessen nicht nur mit quaternären, sondern auch mit quinären und senären Lösungen möglich ist.

XI. Betrachtungen zur Stoffbilanz des Mg

Im Sedimentmantel der Erdkruste sind für die Geochemie des Mg zwei Vorgänge von Bedeutung: die Dolomitisierung und die diagenetische Entstehung von Chloriten. Die Betrachtungen zur Stoffbilanz des Mg müssen ohne Berücksichtigung der Chloritbildung angestellt werden, da hierüber noch zu wenig bekannt ist. So ist es z. B. nicht möglich, die für die Bilanzrechnung erforderliche Menge von neu entstandenen, sedimentären Chloriten abzuschätzen, weil echte Chloritneubildungen noch nicht eindeutig von Verwitterungsrückständen unterschieden werden können.

Von den Reaktionen des quinären und senären Systems ist für die Geochemie des Mg das Gleichgewicht zwischen Calcit und Dolomit am wichtigsten. In der Natur ist sowohl die Hin- als auch die Rückreaktion bekannt. Die Hinreaktion, die Dolomitisierung, kann früh- oder spätdiagenetisch erfolgen. Die Rückreaktion, die Dedolomitisierung, tritt nur unter den Bedingungen der Spätdiagenese auf. Bestimmend für die Häufigkeit, in der die Reaktion in beiden Richtungen durchlaufen wird, sind die Häufigkeiten von Calcit und Dolomit sowie die Häufigkeiten von Ca^{2+} und Mg^{2+} in den Porenlösungen. Mit einem mittleren Wert für das Gleichgewicht zwischen Calcit und Dolomit von 82 Mol-% Ca^{2+} in der Lösung bei 80 °C ergibt sich, daß etwa 87% der Porenwässer weniger Ca^{2+} enthalten als dem Gleichgewicht entspricht. Sie sind somit in der Lage, Kalke in Dolomite umzuwandeln. Nur etwa 13% der Porenlösungen haben mehr als 82 Mol-% Ca^{2+} und können Dolomite dedolomitisieren. Unter Berücksichtigung der Häufigkeiten von Kalken (70%) und Dolomiten (30%) ergibt sich, daß während der Spätdiagenese die Dolomitisierung mit einer Wahrscheinlichkeit von etwa 61%, die Dedolomitisierung dagegen nur mit einer Wahrscheinlichkeit von ungefähr 4% auftritt. Die Wahrscheinlichkeit, daß Kalke durch Lösungen des Calcitfelds und Dolomite durch Lösungen des Dolomitfelds nicht verändert werden, beträgt 9% bzw. 26%. In dieser Betrachtung sind die Reaktionen an der Phasengrenze Magnesit—Dolomit nicht berücksichtigt worden, da der Anteil von Magnesit an den Karbonatgesteinen nur klein ist und vermutlich den Wert von 1% nicht übersteigt. Hierdurch werden die oben angegebenen Daten nur unwesentlich verändert. Die Dolomitbildung aus $CaCO_3$ und Lösungen ist also der entscheidende Prozeß. Es muß jedoch noch die Frage erörtert werden, ob die geochemischen Vorgänge, durch die das Mg in die Diagenese-Lösungen gelangt, genügend Mg liefern, um die heute vorliegende Dolomitmenge zu erklären.

Die mittlere Sedimentmächtigkeit beträgt nach CORRENS (1948) und GOLDSCHMIDT (1933, 1954) 0,65 km. KUENEN (1941) rechnet mit 1 km und WEDEPOHL (1963, 1965) gibt einen Wert von 0,85 km an. Mit einer Oberfläche der Kontinente von $5,1 \cdot 10^8$ km² und einer Dichte von 2,7 ergibt sich aus diesen Daten eine Sedimentmasse von maximal $13,8 \cdot 10^{17}$ t und mindestens $8,96 \cdot 10^{17}$ t. Der Anteil der Karbonate an den Sedimenten beträgt 8,6%. Hiervon sind 30% Dolomite (CORRENS, 1948; GOLDSCHMIDT, 1954). Sie entsprechen, bezogen auf 1 km Sedimentmächtigkeit, einer Mg-Menge von $4,7 \cdot 10^{15}$ t und bezogen auf 0,65 km, einer Mg-Menge von $3,0 \cdot 10^{15}$ t.

Das für die Dolomitisierung erforderliche Mg geht bei der Verwitterung von Gesteinen in Lösung und wird durch Flüsse ins Meer transportiert. Aus dem Meerwasser wird im wesentlichen $CaCO_3$ abgeschieden, das mit vorkonzentriertem Meerwasser reagieren und frühdiagenetisch Dolomit bilden kann. Das für die spätdiagenetische Dolomitisierung benötigte Mg befindet sich in den Porenwässern. Es stammt teilweise aus Meerwasser, das bei der Sedimentbildung im Porenraum eingeschlossen wurde. Weiteres Mg gelangt durch die allochemische Umkristallisation von organisch gebildeten Mg-Calciten in die Porenlösungen. Der Mg-Gehalt der Porenwässer, der aus dem Auflösen und der Umkristallisation anderer Minerale herrührt, ist sehr wahrscheinlich klein und kann vernachlässigt werden.

Im Meerwasser sind $1,86 \cdot 10^{15}$ t Mg enthalten (WEDEPOHL, 1963, 1965). Sie entsprechen, bezogen auf eine Sedimentmächtigkeit von 0,65 km, 61% der vorhandenen Dolomite. Die Menge des aus Kalkorganismen stammenden Mg kann an Hand der Masse und des mittleren Mg-Gehalts organischer Kalke geschätzt werden. Das Verhältnis von organisch entstandenen zu anorganisch gebildeten Kalken ist auf jeden Fall größer als eins. Ein sehr genauer Wert kann jedoch nicht ermittelt werden, da die Diagenese sehr oft die Merkmale der organischen Entstehung zerstört. Auch die sorgfältigste Abschätzung enthält daher einen Fehler. Ferner ist nicht bekannt, ob ältere Kalkorganismen im Mittel den gleichen Mg-Gehalt besaßen wie rezente. Es soll angenommen werden, daß im Verlauf der Erdgeschichte 70% der Kalke organisch entstanden sind und im Mittel 1% oder $0,38 \cdot 10^{15}$ t Mg eingebaut hatten. Die Menge des Mg, das sich ursprünglich in Mg-Calciten befand und durch die allochemische Umkristallisation in die Porenlösungen gelangt ist, beträgt also 13% des Mg-Anteils der in einer Sedimentmasse von $8,96 \cdot 10^{17}$ t enthaltenen Dolomite. Das mit dem Meerwasser bei der Sedimentbildung im Porenraum eingeschlossene Mg ergibt sich aus der Differenz zu 100 mit 26% oder $0,8 \cdot 10^{15}$ t.

Mit diesen Daten lassen sich bei einer Sedimentmächtigkeit von 0,65 km 61% der Dolomitgesteine als frühdiagenetisch und 39% der Dolomite als spätdiagenetisch entstanden interpretieren. Mit einer Mächtigkeit der Sedimente von 1 km ergibt sich, daß 40% der Dolomite einen frühdiagenetischen und 60% einen spätdiagenetischen Ursprung haben. Diesen Berechnungen liegt die Vorstellung zugrunde, daß die Menge des im Meerwasser enthaltenen Mg gleich der Menge des in frühdiagenetischen Dolomiten fixierten Mg ist. Es muß jedoch beachtet werden, daß sich im Verlauf der Frühdiagenese dolomitartige Karbonate nur unter der Einwirkung von vorkonzentriertem Meerwasser bilden. Mit normalem Meerwasser entsteht kein Dolomit. Bei der spätdiagenetischen Dolomitbildung liegen im allgemeinen höhere Temperaturen als an der Erdoberfläche vor. Außerdem steht viel Zeit zur Verfügung, so daß sich die Gleichgewichte auch in verdünnten Lösungen einstellen können. Im Verlauf der Spätdiagenese findet eine Dolomitbildung also mit allen Lösungen statt, die eine geeignete

Zusammensetzung haben. Bei der Frühdiagenese wird dagegen nur ein Teil des zur Verfügung stehenden Meerwassers zur Bildung von Dolomit herangezogen. Für die Abschätzung der Mengen von früh- und spätdiagenetisch entstandenem Dolomit müssen also nicht die im Verlauf der Spätdiagenese gebildeten, sondern die während der Frühdiagenese entstandenen Dolomite als Differenz ermittelt werden. Die Mengen von 39% und 60% spätdiagenetischen Dolomits stellen daher lediglich die durch die Unsicherheit in der mittleren Sedimentmächtigkeit bedingte Variationsbreite eines Minimums dar.

Für die Abschätzung der Verteilung von früh- und spätdiagenetisch gebildetem Dolomit muß also die mit dem Meerwasser bei der Sedimentbildung im Porenraum eingeschlossene Mg-Menge bekannt sein. Diese Mg-Menge läßt sich prinzipiell an Hand der mittleren Porosität der Sedimente und der mittleren Konzentration der Porenlösungen ermitteln. Leider sind die erforderlichen Daten nicht mit einer ausreichenden Genauigkeit bekannt. Tonige Sedimente haben kurz nach der Ablagerung Porositäten bis zu 90%. Bei der weiteren Überdeckung solcher Sedimente verringert sich das Porenvolumen mit zunehmendem Belastungsdruck. In einer Tiefe von 2000 m beträgt die Porosität nur noch ungefähr 10% (VON ENGELHARDT, 1960). Sande und Kalke lassen einen Zusammenhang zwischen der Porosität und der Tiefe weniger gut erkennen. Ein mittleres Porenvolumen für eine gemischte Sedimentserie kann daher nur schlecht abgeschätzt werden (VON ENGELHARDT, 1961). Die mittlere Konzentration der in den Poren enthaltenen Lösungen läßt sich ebenfalls nicht mit einer für quantitative Betrachtungen ausreichenden Genauigkeit angeben. Bislang wurde nur auf Lösungen aufmerksam gemacht, die ungefähr den Gehalt des Meerwassers haben oder noch stärker konzentriert sind. Es ist sehr wahrscheinlich, daß eine Konzentrationserhöhung der im Porenraum toniger Sedimente eingeschlossenen Lösungen während des Auspressens dieser Lösungen bei der Setzung des Sediments eintritt (VON ENGELHARDT u. GAIDA, 1963). Da tonige Sedimente sehr häufig sind, können durch diesen Vorgang bedeutende Konzentrationserhöhungen der Porenlösungen entstehen. Die in dieser Monographie mitgeteilten Analysen (Abb. 33 u. 34) zeigen aber, daß bei einer Mittelwertsbildung auch Lösungen mit kleineren Konzentrationen berücksichtigt werden müssen. Ein repräsentativer Durchschnitt kann jedoch noch nicht angegeben werden, da die z. Z. verfügbaren Analysenzusammenstellungen nicht alle Forderungen der Statistik erfüllen. Die mittlere Konzentration der Porenlösungen und die mittlere Porosität der Sedimente müssen also als variable Größen in die Erörterung über die Menge des mit dem Meerwasser im Sediment eingeschlossenen Mg eingehen.

In der Abb. 44 sind die Mengen Mg dargestellt, die sich als Funktion der mittleren Porosität der Sedimente und der mittleren Mg-Konzentration der Porenlösungen aus der allochemischen Umkristallisation von Kalkorganismen, aus dem Einschluß von Meerwasser im Porenraum und aus der Frühdiagenese ergeben. Als Abszisse ist die Porosität aufgetragen, die bei der Setzung von Sedimenten erreicht werden soll. Auf der Ordinate ist die Menge des in Dolomitgesteinen vorliegenden Mg 100% gleichgesetzt worden. Die Darstellung gilt für Mg-Gehalte von 0,39—5,2% Mg in der Porenlösung. Das sind Konzentrationen, die das 3- bis 40-fache des Mg-Gehalts des Meerwassers betragen. Die bei 13% parallel zur Abszisse verlaufende Linie sagt aus, daß sowohl bei einer mittleren Sedimentmächtigkeit von 0,65 km als auch bei einer Mächtigkeit von 1 km 13% des in den Dolomitgesteinen vorhandenen Mg unabhängig von der Porosität aus der Umkristallisation von organisch gebildeten Mg-Calciten stammen. Die Linien bei 39⁰/o und 60⁰/o geben die Grenzen der Variationsbreite des Minimums der spätdiagenetisch entstandenen Dolomite an. Diese Werte können in Abhängigkeit von der Porosität mit Porenlösungen verschiedener Mg-Konzentration

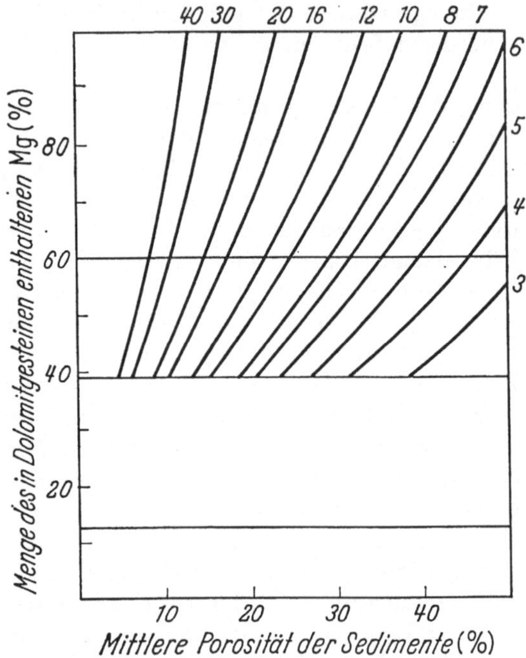

Abb. 44. Variationsmöglichkeiten in der Verteilung von früh- und spätdiagenetisch gebildeten Dolomiten. Linie bei 13⁰/o: Anteil des durch die Umkristallisation von Mg-Calciten in die Porenlösungen gelangten Mg. Linien bei 39 und 60⁰/o: Grenzen der Variationsbreite des Minimums spätdiagenetischer Dolomitbildung. Die Zahlen an den Kurven geben die Anreicherung von Mg in den Porenlösungen gegenüber dem Mg-Gehalt des Meerwassers (0,13⁰/o) an. Weitere Erläuterungen der Darstellung befinden sich im Text

erreicht werden. Die Konzentrationen und zugehörigen Porositäten ergeben sich aus den Schnittpunkten der Kurven mit den Linien bei 39⁰/o und 60⁰/o. Für die Berechnung der Kurven wurden, unter der Voraussetzung, daß alle Poren gefüllt sind, die absoluten Mg-Mengen ermittelt, die sich bei verschiedenen Konzentrationen für verschiedene Porositäten der Gesamtmasse der Sedimente ergeben. Diese Werte sind in Prozenten des in den Dolomitgesteinen gebundenen Mg ausgedrückt worden. So sind bei mittleren Porositäten von ungefähr 40 bis 10⁰/o Mg-Konzentrationen vom 3- bis 16-fachen Mg-Gehalt des Meerwassers erforderlich, um 39⁰/o der Dolomite als spätdiagenetisch entstanden zu erklären.

Die über einen Mindestwert hinausgehende, spätdiagenetisch gebildete Dolomitmenge ergibt sich aus dem Schnitt einer der Kurven mit einer für eine bestimmte Porosität geltenden, parallel zur Ordinate verlaufenden Linie. Nimmt man an, daß sich bei der Setzung von Sedimenten eine Porosität von etwa 15⁰/o ergibt, ist für das Minimum von 39⁰/o spätdiagenetisch entstandenen Dolomits eine etwa 10-fache Erhöhung des Mg-Gehalts der Porenlösungen gegenüber dem des Meerwassers erforderlich. Wenn 50⁰/o der Dolomite spätdiagenetisch entstanden sind, ist bei der gleichen Porosität eine ungefähr 16-fache Erhöhung nötig. Bei einem noch größeren Anteil von spätdiagenetisch gebildetem Dolomit müssen noch höhere Konzentrationen von Mg in den Porenlösungen angenommen werden. Vermutlich wird der mittlere Mg-Gehalt der Porenwässer eine 20-fache Anreicherung nicht übersteigen, so daß der Anteil der spätdiagenetisch entstandenen Dolomite das Minimum von 60⁰/o nicht überschreitet und sehr wahrscheinlich zwischen 40⁰/o und 60⁰/o zu suchen ist.

Die Betrachtungen zur Stoffbilanz des Mg zeigen, daß durch die Variation der Porosität und der Konzentration Unterschiede in den Mengen früh- und spätdiagenetischer Dolomite resultieren. Gut begründete Ergebnisse können bei bekannter mittlerer Porosität der Sedimente nur an Hand der mittleren Konzentrationen der Porenlösungen erhalten werden. Der Mg-Gehalt der Porenwässer ließe sich mit einer Analysenzusammenstellung ermitteln, die alle Forderungen der Statistik erfüllt und deren Analysen unter geochemischen Gesichtspunkten durchgeführt wurden. Das Ergebnis könnte durch eine Abschätzung der Mengen früh- und spätdiagenetisch entstandener Dolomite mittels petrographischer Untersuchungen kontrolliert werden.

XII. Zusammenstellung der Gleichgewichtsdaten

Es bedeuten C: Calcit, D: Dolomit, M: Magnesit, A: Anhydrit, Ki: Kieserit.

Die Zahlen in der ersten Spalte der Tabelle sind identisch mit der Bezeichnung der invarianten Punkte in den Phasendiagrammen und mit der Bezeichnung der im Text angegebenen Reaktionsgleichungen. Bei den in der letzten Spalte mit einem * versehenen Punkten müssen zu den in der zweiten Spalte angegebenen Bodenkörpern als weitere Festkörper Ca−Mg-Chloridhydrate hinzugezählt werden.

	Bodenkörper	180 °C, ∼10 Atm.						
			Mol-⁰/o				$\dfrac{\text{Mole}}{1000\ \text{Mole}\ H_2O}$	
		Ca^{2+}	Mg^{2+}	CO_3^{2-}	Cl_2^{2-}	SO_4^{2-}		
3	M	—	100	100	—	—	$1{,}7 \cdot 10^{-2}$	
4	C	100	—	100	—	—	$1{,}0 \cdot 10^{-2}$	
5	M	—	100	0,1	99,9	—	166,7	*
6	C	100	—	0,1	99,9	—	166,7	*
7	M+D	43,6	56,4	100	—	—	$2{,}0 \cdot 10^{-2}$	
8	C+D	83,0	17,0	100	—	—	$1{,}2 \cdot 10^{-2}$	
9	M+D	68,2	31,8	0,1	99,9	—	166,7	*
10	C+D	92,3	7,7	0,1	99,9	—	166,7	*
11	A	100	—	—	—	100	$2{,}9 \cdot 10^{-2}$	
12	Ki	—	100	—	—	100	8,2	D'ANS
13	A+C	100	—	22,7	—	77,3	$3{,}3 \cdot 10^{-2}$	
14	Ki+M	—	100	∼2	—	∼98	∼8,2	
15	A+Ki	<2	>98	—	—	100	∼8,2	
16	A+C+D	90,9	9,1	24,4	—	75,6	$3{,}6 \cdot 10^{-2}$	

$180\,^\circ$C, $\sim$10 Atm.

	Bodenkörper			Mol-%			Mole	
		Ca^{2+}	Mg^{2+}	CO_3^{2-}	Cl_2^{2-}	SO_4^{2-}	$\overline{1000\text{ Mole }H_2O}$	
17	A+M+D	76,8	23,2	24,4	—	75,6	$4,1\cdot10^{-2}$	
18	A+Ki+M	$\sim$2	$\sim$98	$\sim$2	—	$\sim$98	$\sim$8,2	
19	A+Ki	9,0	91,0	—	99,7	0,3	166,7	*
20	A	100	—	—	99,9	0,1	166,7	*
21	Ki	—	100	—	99,5	0,5	166,7	*
22	A+C+D	92,3	7,7	0,1	99,8	0,1	166,7	*
23	A+M+D	68,6	31,4	0,1	99,8	0,1	166,7	*
24	A+Ki+M	9,0	91,0	0,1	99,6	0,3	166,7	*
25	M+Ki	—	100	0,1	99,4	0,5	166,7	*
26	C+A	100	—	0,1	99,7	0,2	166,7	*

$120\,^\circ$C, $\sim$2 Atm.

	Bodenkörper			Mol-%			Mole	
		Ca^{2+}	Mg^{2+}	CO_3^{2-}	Cl_2^{2-}	SO_4^{2-}	$\overline{1000\text{ Mole }H_2O}$	
3	M	—	100	100	—	—	$4,5\cdot10^{-2}$	
4	C	100	—	100	—	—	$2,8\cdot10^{-2}$	
5	M	—	100	0,1	99,9	—	166,7	*
6	C	100	—	0,1	99,9	—	166,7	*
7	M+D	34,4	65,6	100	—	—	$5,3\cdot10^{-2}$	
8	C+D	79,9	20,1	100	—	—	$3,4\cdot10^{-2}$	
9	M+D	51,6	48,4	0,1	99,9	—	166,7	*
10	C+D	87,1	12,9	0,1	99,9	—	166,7	*
11	A	100	—	—	—	100	$6,4\cdot10^{-2}$	
12	Ki	—	100	—	—	100	58,5	D'Ans
13	A+C	100	—	22,7	—	77,3	$7,4\cdot10^{-2}$	
14	Ki+M	—	100	$\sim$2	—	$\sim$98	$\sim$58,5	
15	A+Ki	<2	>98	—	—	100	$\sim$58,5	
16	A+C+D	89,7	10,3	24,4	—	75,6	$8,1\cdot10^{-2}$	
17	A+M+D	71,1	28,9	24,4	—	75,6	$9,1\cdot10^{-2}$	
18	A+M+Ki	$\sim$2	$\sim$98	$\sim$2	—	$\sim$98	$\sim$58,5	
19	A+Ki	3,1	96,9	—	95,5	0,5	166,7	*
20	A	100	—	—	99,9	0,1	166,7	*
21	Ki	—	100	—	99,4	0,6	166,7	D'Ans *
22	A+C+D	87,1	12,9	0,1	99,8	0,1	166,7	*
23	A+M+D	51,6	48,4	0,1	99,8	0,1	166,7	*
24	A+Ki+M	3,1	96,9	0,1	99,4	0,5	166,7	*
25	M+Ki	—	100	0,1	99,4	0,5	166,7	*
26	C+A	100	—	0,1	99,7	0,2	166,7	*

80 °C, ~1 Atm.

Bodenkörper		Ca²⁺	Mg²⁺	Mol-% CO₃²⁻	Cl₂²⁻	SO₄²⁻	Mole / 1000 Mole H₂O	
3	M	—	100	100	—	—	$8{,}6 \cdot 10^{-2}$	
4	C	100	—	100	—	—	$5{,}6 \cdot 10^{-2}$	
5	M	—	100	0,1	99,9	—	124	*
6	C	100	—	0,1	99,9	—	124	*
7	M+D	27,1	72,9	100	—	—	$9{,}9 \cdot 10^{-2}$	
8	C+D	76,8	23,2	100	—	—	$6{,}7 \cdot 10^{-2}$	
9	M+D	36,5	63,5	0,1	99,9	—	124	extrapoliert *
10	C+D	81,3	18,7	0,1	99,9	—	124	extrapoliert *
11	A	100	—	—	—	100	$13{,}6 \cdot 10^{-2}$	
12	Ki	—	100	—	—	100	81,1	D'ANS
13	A+C	100	—	22,7	—	77,3	$15{,}0 \cdot 10^{-2}$	
14	Ki+M	—	100	~2	—	~98	~81,1	
15	A+Ki	<2	>98	—	—	100	~81,1	
16	A+C+D	88,6	11,4	24,4	—	75,6	$16{,}4 \cdot 10^{-2}$	
17	A+M+D	65,6	34,4	24,4	—	75,6	$18{,}3 \cdot 10^{-2}$	
18	A+Ki+M	~2	~98	~2	—	~98	~81,1	
20	A	100	—	—	99,8	0,2	124	*
21	Ki	—	100	—	99,2	0,8	124	D'ANS *
22	A+C+D	81,3	18,7	0,1	99,8	0,1	124	extrapoliert *
23	A+M+D	36,5	63,5	0,1	99,8	0,1	124	extrapoliert *
26	C+A	100	—	0,1	99,6	0,3	124	*

50 °C, ~1 Atm.

Bodenkörper		Ca²⁺	Mg²⁺	Mol-% CO₃²⁻	Cl₂²⁻	SO₄²⁻	Mole / 1000 Mole H₂O	
3	M	—	100	100	—	—	$15{,}0 \cdot 10^{-2}$	
4	C	100	—	100	—	—	$10{,}0 \cdot 10^{-2}$	
5	M	—	100	0,1	99,9	—	111	*
6	C	100	—	0,1	99,9	—	111	*
7	M+D	21,6	78,4	100	—	—	$17{,}0 \cdot 10^{-2}$	
8	C+D	73,8	26,2	100	—	—	$12{,}1 \cdot 10^{-2}$	
9	M+D	24,9	75,1	0,1	99,9	—	111	extrapoliert *
10	C+D	74,7	25,3	0,1	99,9	—	111	extrapoliert *
11	A	100	—	—	—	100	$24{,}2 \cdot 10^{-2}$	
13	A+C	100	—	22,7	—	77,3	$26{,}2 \cdot 10^{-2}$	
16	A+C+D	87,4	12,6	24,4	—	75,6	$28{,}6 \cdot 10^{-2}$	
17	A+M+D	60,3	39,7	24,4	—	75,6	$33{,}0 \cdot 10^{-2}$	
20	A	100	—	—	99,8	0,2	111	*
21	Ki	—	100	—	97,8	2,2	111	D'ANS *
22	A+C+D	74,7	25,3	0,1	99,8	0,1	111	extrapoliert *
23	A+M+D	24,9	75,1	0,1	99,8	0,1	111	extrapoliert *
26	C+A	100	—	0,1	99,6	0,3	111	*

180 °C, ∼10 Atm.

Bodenkörper (außer Halit)		Ca^{2+}	Mg^{2+}	CO_3^{2-}	Cl_2^{2-}	SO_4^{2-}	Mole/1000 Mole H_2O	Na_2Cl_2	
		Mol-%	Mol-%	Mol-%	Mol-%	Mol-%			
3	M	—	100	100	—	—	$8,1 \cdot 10^{-2}$	∼69	
4	C	100	—	100	—	—	$6,1 \cdot 10^{-2}$	∼69	
5	M	—	100	0,1	99,9	—	166,7	∼ 1	*
6	C	100	—	0,1	99,9	—	166,7	∼ 1	*
7	M+D	44,8	55,2	100	—	—	$9,7 \cdot 10^{-2}$	∼69	
8	C+D	84,3	15,7	100	—	—	$7,1 \cdot 10^{-2}$	∼69	
9	M+D	70,6	29,4	0,1	99,9	—	166,7	∼ 1	*
10	C+D	92,6	7,4	0,1	99,9	—	166,7	∼ 1	*
11	A	100	—	—	—	100	$18,8 \cdot 10^{-2}$	∼69	
13	A+C	100	—	7,4	—	92,6	$20,1 \cdot 10^{-2}$	∼69	
16	A+C+D	91,8	8,2	7,8	—	92,2	$21,3 \cdot 10^{-2}$	∼69	
17	A+M+D	77,6	22,4	7,8	—	92,2	$23,8 \cdot 10^{-2}$	∼69	
19	A+Ki	9,0	91,0	—	99,7	0,3	166,7	∼ 1	*
20	A	100	—	—	99,9	0,1	166,7	∼ 1	*
21	Ki	—	100	—	99,5	0,5	166,7	∼ 1	*
22	A+C+D	92,6	7,4	0,1	99,8	0,1	166,7	∼ 1	*
23	A+M+D	70,6	29,4	0,1	99,8	0,1	166,7	∼ 1	*
24	A+Ki+M	9,0	91,0	0,1	99,6	0,3	166,7	∼ 1	*
25	M+Ki	—	100	0,1	99,4	0,5	166,7	∼ 1	*
26	C+A	100	—	0,1	99,7	0,2	166,7	∼ 1	*

120 °C, ∼2 Atm.

Bodenkörper (außer Halit)		Ca^{2+}	Mg^{2+}	CO_3^{2-}	Cl_2^{2-}	SO_4^{2-}	Mole/1000 Mole H_2O	Na_2Cl_2	
		Mol-%	Mol-%	Mol-%	Mol-%	Mol-%			
3	M	—	100	100	—	—	$12,5 \cdot 10^{-2}$	∼63	
4	C	100	—	100	—	—	$9,4 \cdot 10^{-2}$	∼63	
5	M	—	100	0,1	99,9	—	166,7	∼ 1	*
6	C	100	—	0,1	99,9	—	166,7	∼ 1	*
7	M+D	36,0	64,0	100	—	—	$14,5 \cdot 10^{-2}$	∼63	
8	C+D	81,3	18,7	100	—	—	$10,8 \cdot 10^{-2}$	∼63	
9	M+D	54,0	46,0	0,1	99,9	—	166,7	∼ 1	*
10	C+D	88,3	11,7	0,1	99,9	—	166,7	∼ 1	*
11	A	100	—	—	—	100	$29,9 \cdot 10^{-2}$	∼63	
13	A+C	100	—	7,4	—	92,6	$31,7 \cdot 10^{-2}$	∼63	
16	A+C+D	91,1	8,9	7,8	—	92,2	$33,9 \cdot 10^{-2}$	∼63	
17	A+M+D	72,9	27,1	7,8	—	92,2	$36,8 \cdot 10^{-2}$	∼63	
19	A+Ki	3,1	96,9	—	99,5	0,5	166,7	∼ 1	*
20	A	100	—	—	99,9	0,1	166,7	∼ 1	*
21	Ki	—	100	—	99,4	0,6	166,7	∼ 1	D'ANS *
22	A+C+D	88,3	11,7	0,1	99,8	0,1	166,7	∼ 1	*
23	A+M+D	54,0	46,0	0,1	99,8	0,1	166,7	∼ 1	*
24	A+Ki+M	3,1	96,9	0,1	99,4	0,5	166,7	∼ 1	*
25	M+Ki	—	100	0,1	99,4	0,5	166,7	∼ 1	*
26	C+A	100	—	0,1	99,7	0,2	166,7	∼ 1	*

80 °C, $\sim$1 Atm.

Nr.	Bodenkörper (außer Halit)	Ca^{2+}	Mg^{2+}	CO_3^{2-}	Cl_2^{2-}	SO_4^{2-}	Mole/1000 Mole H_2O	Na_2Cl_2	
				Mol-%					
3	M	—	100	100	—	—	$19{,}2 \cdot 10^{-2}$	$\sim$58	
4	C	100	—	100	—	—	$14{,}4 \cdot 10^{-2}$	$\sim$58	
5	M	—	100	0,1	99,9	—	124	$\sim$ 1	*
6	C	100	—	0,1	99,9	—	124	$\sim$ 1	*
7	M+D	28,9	71,1	100	—	—	$21{,}4 \cdot 10^{-2}$	$\sim$58	
8	C+D	78,8	21,2	100	—	—	$16{,}4 \cdot 10^{-2}$	$\sim$58	
9	M+D	38,6	61,4	0,1	99,9	—	124	$\sim$ 1	extrapoliert *
10	C+D	82,7	17,3	0,1	99,9	—	124	$\sim$ 1	extrapoliert *
11	A	100	—	—	—	100	$45{,}3 \cdot 10^{-2}$	$\sim$58	
13	A+C	100	—	7,4	—	92,6	$47{,}3 \cdot 10^{-2}$	$\sim$58	
16	A+C+D	90,1	9,9	7,8	—	92,2	$50{,}5 \cdot 10^{-2}$	$\sim$58	
17	A+M+D	67,6	32,4	7,8	—	92,2	$55{,}3 \cdot 10^{-2}$	$\sim$58	
20	A	100	—	—	99,8	0,2	124	$\sim$ 1	*
21	Ki	—	100	—	99,2	0,8	124	$\sim$ 1	D'Ans *
22	A+C+D	82,7	17,3	0,1	99,8	0,1	124	$\sim$ 1	extrapoliert *
23	A+M+D	38,6	61,4	0,1	99,8	0,1	124	$\sim$ 1	extrapoliert *
26	C+A	100	—	0,1	99,6	0,3	124	$\sim$ 1	*

50 °C, $\sim$1 Atm.

Nr.	Bodenkörper (außer Halit)	Ca^{2+}	Mg^{2+}	CO_3^{2-}	Cl_2^{2-}	SO_4^{2-}	Mole/1000 Mole H_2O	Na_2Cl_2	
				Mol-%					
3	M	—	100	100	—	—	$27{,}8 \cdot 10^{-2}$	$\sim$57	
4	C	100	—	100	—	—	$22{,}2 \cdot 10^{-2}$	$\sim$57	
5	M	—	100	0,1	99,9	—	111	$\sim$ 1	*
6	C	100	—	0,1	99,9	—	111	$\sim$ 1	*
7	M+D	23,2	76,8	100	—	—	$30{,}6 \cdot 10^{-2}$	$\sim$57	
8	C+D	76,0	24,0	100	—	—	$24{,}9 \cdot 10^{-2}$	$\sim$57	
9	M+D	26,6	73,4	0,1	99,9	—	111	$\sim$ 1	extrapoliert *
10	C+D	76,8	23,2	0,1	99,9	—	111	$\sim$ 1	extrapoliert *
11	A	100	—	—	—	100	$60{,}4 \cdot 10^{-2}$	$\sim$57	
13	A+C	100	—	7,4	—	92,6	$63{,}8 \cdot 10^{-2}$	$\sim$57	
16	A+C+D	89,3	10,7	7,8	—	92,2	$69{,}6 \cdot 10^{-2}$	$\sim$57	
17	A+M+D	62,4	37,6	7,8	—	92,2	$76{,}3 \cdot 10^{-2}$	$\sim$57	
20	A	100	—	—	99,8	0,2	111	$\sim$ 1	*
21	Ki	—	100	—	99,1	0,9	111	$\sim$ 1	D'Ans *
22	A+C+D	76,8	23,2	0,1	99,8	0,1	111	$\sim$ 1	extrapoliert *
23	A+M+D	26,6	73,4	0,1	99,8	0,1	111	$\sim$ 1	extrapoliert *
26	C+A	100	—	0,1	99,6	0,3	111	$\sim$ 1	*

Literatur

ALDERMAN, A. R.: Aspects of carbonate sedimentation. Geol. Soc. Australia J. 6, 1—10 (1959).
—, and C. VON DER BORCH: Occurence of hydromagnesite in sediments of South Australia. Nature 188, 931 (1960).
— — Occurence of magnesite-dolomite sediments in South Australia. Nature 192, 861 (1961).
— — A dolomite reaction series. Nature 198, 465—466 (1963).
—, and H. C. W. SKINNER: Dolomite sedimentation in the South East of South Australia. Am. J. Sci. 255, 561—567 (1957).
D'ANS, J.: Die Lösungsgleichgewichte der Systeme der Salze ozeanischer Salzablagerungen. Berlin: Verlagsgesellschaft f. Ackerbau M. B. H. 1933.
— Die Löslichkeitsisothermen der Calciumsulfate in Kochsalzlösungen. Kali u. Steinsalz 4, H. 4, 109—111 (1965).
—, D. BREDTSCHNEIDER, H. EICK und H. W. FREUND: Untersuchungen über die Calciumsulfate. Kali u. Steinsalz 1, H. 9, 17—38 (1955).
AUTENRIETH, H.: Untersuchungen im 6-Komponentensystem K^+, Na^+, Mg^{2+}, Ca^{2+}, SO_4^{2-}, (Cl^-), H_2O mit Schlußfolgerungen für die Verarbeitung der Kalisalze. Kali u. Steinsalz 2, H. 6, 181—200 (1958).
—, und G. BRAUNE: Die Lösungsgleichgewichte des reziproken Salzpaares $Na_2Cl_2+MgSO_4+H_2O$ bei Sättigung an NaCl unter besonderer Berücksichtigung des metastabilen Bereichs. Kali u. Steinsalz 3, H. 1, 15—30 (1960 a).
— — Weitere Untersuchungen im stabilen und metastabilen Gebiet des reziproken Salzpaares $Na_2Cl_2+MgSO_4+H_2O$ bei Sättigung an NaCl. Kali u. Steinsalz 3, H. 3, 85—97 (1960 b).
BAUSCH, W.: Dedolomitisierung und Recalcitisierung in fränkischen Malmkalken. Neues Jahrb. Miner. Monatsh. 3, 75—82 (1965).
BERNER, R. A.: Dolomitization of the Mid-Pacific Atolls. Science 147, 1297—1299 (1965).
BISSEL, H. J., and G. V. CHILINGAR: Evaporite type dolomite in salt flats of western Utah. Sedimentology 1, 200—210 (1962).
BONATTI, E.: Deep-sea authigenetic calcite and dolomite. Science 153, 534—537 (1966).
BORCH, C. VON DER: The distribution and preliminary geochemistry of modern carbonate sediments of the Coorong area, South Australia. Geochim. et Cosmochim. Acta 29, 781—799 (1965).
—, M. RUBIN, and B. J. SKINNER: Modern dolomite from South Australia. Am. J. Sci. 262, 1116—1118 (1964).
BRADDOCK, W. A., and C. G. BOWLES: Calcitization of dolomite by calcium sulfate solutions in the Minnelusa Formation. U.S. Geol. Survey Prof. Paper 475—C, 96—99 (1963).
BRAITSCH, O.: Entstehung und Stoffbestand der Salzlagerstätten. Berlin-Göttingen-Heidelberg: Springer 1962.
BROOKS, R., L. M. CLARK, and E. F. THURSTON: Calcium carbonate and its hydrates. Phil. Trans. Roy. Soc. London, Series A 243, 145 (1951).
CHAVE, K. E.: A solid solution between calcite and dolomite. J. Geol. 60, 190—192 (1952).
— Aspects of biochemistry of Mg: 1. Calcareous marine organisms. 2. Calcareous sediments and rocks. J. Geol. 62, 266—283 und 587—599 (1954).
CHILINGAR, G. V.: Relationship between Ca/Mg-ratio and geologic age. Bull. Am. Assoc. Petrol. Geologists 40, 2256—2266 (1956).
CLOUD, P. E.: Environment of calcium carbonate deposition west of Andros Island, Bahamas. Geol. Survey Prof. Paper 350 (1962).
CORRENS, C. W.: Die geochemische Bilanz. Naturwissensch. 35. Jahrg., 7—12 (1948).

CORRENS, C. W.: Faktoren der Sedimentbildung, erläutert an Kalk- und Kieselsedimenten. Dtsch. Hydrograph. Z. 3, 83—88 (1950).

CURTIS, R., G. EVANS, D. J. J. KINSMAN, and D. J. SHEARMAN: Association of dolomite and anhydrite in the recent sediments of the Persian Gulf. Nature 197, 679—680 (1963).

DALY, R. A.: First calcareous fossils and the evolution of the limestones. Bull. Geol. Soc. Am. 20, 153—170 (1909).

DEER, HOWIE, and ZUSSMAN: Rock-forming minerals, Vol. 5, non-silicates. London: Longmans 1962.

DEFFEYES, K. S., F. J. LUCIA, and P. K. WEYL: Dolomitization: observations on the island of Bonaire, Netherlands Antilles. Science 143, 678—679 (1964).

DEGENS, E. T., and S. EPSTEIN: Oxygen and carbon isotope ratios in coexisting calcites and dolomites from recent and ancient sediments. Geochim. et Cosmochim. Acta 28, 23—44 (1964).

DICKSON, F. W., C. W. BLOUNT, and G. TUNELL: Use of hydrothermal solution equipment to determine the solubility of anhydrite in H_2O from 100° to 275 °C and from 1 bar to 1000 bars pressure. Am. J. Science 261, 61—78 (1963).

ELLIS, A. J.: The solubility of calcite in CO_2-solutions. Am. J. Sci. 257, 354—365 (1959).

— The solubility of calcite in sodium chloride solutions at high temperatures. Am. J. Sci. 261, 259—267 (1963).

ENGELHARDT, W. VON: Der Porenraum der Sedimente. Berlin-Göttingen-Heidelberg: Springer 1960.

— Zum Chemismus der Porenlösungen der Sedimente. Bull. Geol. Inst. Univ. Upsala XL, 189—204 (1961).

—, und K. H. GAIDA: Concentration changes of pore solutions during the compaction of clay sediments. J. Sed. Petrol. 33, 919—930 (1963).

FAIRBRIDGE, R. W.: The dolomite question. Soc. Econ. Paleont. Mineralogists Special Publication No 5, 123—178 (1957).

FAUST, G. T.: Dedolomitization and its relation to a possible derivation of a Mg-rich hydrothermal solution. Am. Miner. 34, 789—823 (1949).

FORBES, G. B.: Magnesite of the Adelaide System: petrography and descriptive stratigraphy. Trans. Roy. Soc. South Australia 83, 1—10 (1960).

— Magnesite of the Adelaide System: a discussion of its origin. Trans. Roy. Soc. South Australia 85, 217—223 (1961).

FRIEDRICH, O. M.: Zur Genese der ostalpinen Spatmagnesit-Lagerstätten. Radex-Rundschau, H. 1, 393—420 (1959).

FÜCHTBAUER, H.: Fazies, Porosität und Gasinhalt der Karbonatgesteine des norddeutschen Zechsteins. Z. dtsch. geol. Ges. 114, 484—531 (1962).

—, und H. GOLDSCHMIDT: Aragonitische Lumachellen im bituminösen Wealden des Emslandes. Beitr. Min. Petr. 10, 184—197 (1964).

GEHRKE, C. W., H. E. AFFSPRUNG and Y. C. LEE: Direct ethylenediamine tetraacetate titration methods for Mg and Ca. Analyt. Chemistry 26, 1944 (1954).

GOLDSCHMIDT, V. M.: Grundlagen der quantitativen Geochemie. Fortschr. Mineral. 17, 112—156 (1933).

— Geochemistry. At the Clarendon Press, Oxford (1954).

GOLDSMITH, J. R., and D. L. GRAF: Structural and compositional variations in some natural dolomites. J. Geol. 66, 678—693 (1958).

GRAF, D. L., and E. LAMAR: Properties of calcium and magnesium carbonates and their bearing on some uses of carbonate rocks. Econ. Geol. 50th Ann. Vol., 639—713 (1955).

—, and J. R. GOLDSMITH: Dolomite-magnesian calcite relations at elevated temperatures and CO_2-pressures. Geochim. et Cosmochim. Acta 7, 109—128 (1955).

— — Some hydrothermal synthesis of dolomite and protodolomite. J. Geology 64, 173—186 (1956).

—, A. J. EARDLEY, and N. R. SHIMP: A preliminary report on magnesium carbonate formation on glacial Lake Bonneville. J. Geology 69, 219—223 (1961).

HARKER, R. I., and O. F. TUTTLE: Studies in the system $CaO — MgO — CO_2$ Part 2: Limits of solid solution along the binary join $CaCO_3 — MgCO_3$. Am. J. Sci. 253, 274—282 (1955).

HOLLAND, H. D., M. BORCSIK, and E. GOLDMAN: Solubility of calcite in NaCl-solutions between 50° and 200°C. 1964 Annual Meeting Geol. Soc. Am.

JÄNECKE, E.: Über die Bildung von Konversionssalpeter vom Standpunkt der Phasenlehre. Z. anorg. allg. Chem. 51, 132 (1906).

— Über eine neue Darstellungsform d. wäßr. Lösungen zweier u. dreier gleichioniger Salze, reziproker Salzpaare und der vant' Hoffschen Untersuchungen über ozeanische Salzablagerungen. Z. anorg. allg. Chem. 71, 1 (1911).

JOHANNES, W.: Experimentelle Magnesitbildung aus Dolomit+$MgCl_2$. Contr. Mineral. Petrol. 13, 51—58 (1966).

KELLEY, K. K., J. C. SOUTHARD, and C. T. ANDERSON: Thermodynamic properties of gypsum and its dehydration products. U. S. Bur. Mines, Technical Paper 625 (1941).

KINSMAN, D. J. J.: Dolomitization and evaporite development, including anhydrite, in lagoonal sediments, Persian Gulf. 1964 Annual Meeting Geol. Soc. Am.

KRAMER, J. R.: Correction of some earlier data on calcite and dolomite in sea water. J. Sed. Petr. 29, 465—467 (1959).

KUENEN, Ph. H.: Geochemical calculations concerning the total mass of sediments in the earth. Am. J. Sci. 239, 161—190 (1941).

LANGBEIN, R.: Geochemische Untersuchungen an Salztonen des Zechsteins im Südharz-Kalirevier. Chem. Erde 23, 1—70 (1963).

LANGMUIR, D.: Stability of carbonates in the system $MgO - CO_2 - H_2O$. J. Geology 73, 730—754 (1965).

LINCK, G.: Beobachtungen und ihre Ergebnisse an Gesteinen des mittleren Zechsteins (Hauptdolomit und Grauer Salzton) in Thüringen. Chem. Erde 14, 312—357 (1942).

LUCIA, F. J.: Dedolomitization in the Tansill (Permian) Formation. Bull. Geol. Soc. Am. 72, 1107—1110 (1961).

MÄGDEFRAU, K.: Über die Ca- und Mg-Ablagerungen bei den Corallinaceen des Golfs von Neapel. Flora 88, 50—57 (1933).

MERCK-A.G.: Komplexometrische Bestimmungsmethoden mit Titriplex. Darmstadt: E. Merck-A.G.

MILLER, J. P.: A portion of the system $CaCO_3 - H_2O - CO_2$ with geological implications. Am. J. Sci. 250, 161—203 (1952).

MOREY, G. W.: The action of water on calcite, magnesite and dolomite. Am. Min. 47, 1456—1460 (1962).

OKRAJEK, A.: Sedimentpetrographische Untersuchung toniger und sandiger Lagen des Mittleren Buntsandsteins in Bohrungen und Tagesaufschlüssen Süd-Niedersachsens. Beitr. Miner. Petr. 11, 507—534 (1965).

PARK, K.: Pure aragonite synthesis. J. Geophys. Research 67, 4873—4874 (1962).

PETERSON, M. N. A., G. S. BIEN, and R. A. BERNER: Radiocarbon studies of recent dolomite from Deep Spring Lake, California. J. Geophys. Research 68, 6493—6505 (1963).

RIVIERE, A.: Sur le réserve alcaline et les carbonates de l'eau de mer. C. R. Somm. Soc. Géol. France 19—20 (1941).

ROEHL, E.: Zur Fazies, Petrographie und Lithogenese der Zechstein 2-Karbonate in der nördlichen Hessischen Senke. Inaugural-Dissertation, Kiel 1963.

RONOV, A. B.: On the post-precambrian geochemical history of the atmosphere and hydrosphere. Geochemistry (Transl.) No 5, 493—506 (1959).

ROSENBERG, P. E., and H. D. HOLLAND: Calcite-dolomite-magnesite stability relations in solutions at elevated temperatures. Science 145, 700—701 (1964).

SEGNIT, E. R., H. D. HOLLAND, and C. J. BISCARDI: The solubility of calcite in aqueous solutions-I: the solubility of calcite in water between 75° and 200°C at CO_2-pressure up to 60 ATM. Geochim. et Cosmochim. Acta 26, 1301—1331 (1962).

SEIDELL: Solubilities, vol. 1, 4th Edition. Princeton: Van Nostrand Comp. Inc. 1958.

SHEARMAN, P. J., J. KHOURI, and S. TAHA: On the replacement of dolomite by calcite in some mesozoic limestone from the French Jura. Proc. Geol. Assoc. Engl. 72, 1—12 (1961).

SHINN, E. A.: Recent dolomite, Sugarloaf Key, Florida. Guidebook for field trip No 1, Geol. Soc. Am., Convention (1964).

SHINN, E. A., R. N. GINSBURG, and R. M. LLOYD: Recent supratidal dolomitization in Florida and the Bahamas. 1964 Annual Meeting Geol. Soc. Am.

SKINNER, H. C.: Precipitation of calcium dolomites and magnesian calcites in the south east of South Australia. Am. J. Sci. 261, 449—472 (1963).

—, B. J. SKINNER, and M. RUBIN: Age and accumulation rate of dolomite-bearing carbonate sediments in South Australia. Science 139, 335—336 (1963).

STEHLI, F. G., and J. HOWER: Mineralogy and early diagenesis of carbonate sediments. J. Sed. Petr. 31, 358—371 (1961).

THEILIG, F., und G. PENSOLD: Über das Vorkommen von Coelestin im Hauptdolomit des norddeutschen Zechsteins. Chem. Erde 23, 215—218 (1964).

TUYL, F. M. VAN: New points on the origin of dolomite. Am. J. Sci. 42, 249—260 (1916).

TWENHOFEL, W. H.: Treatise on sedimentation. Baltimore: The Williams and Wilkins Comp. 1932.

USDOWSKI, H. E.: Die Entstehung der kalkoolithischen Fazies des norddeutschen Unteren Buntsandsteins. Beitr. Miner. Petr. 8, 141—179 (1962).

— Der Rogenstein des norddeutschen Unteren Buntsandsteins, ein Kalkoolith des marinen Faziesbereichs. Fortschr. Geol. Rheinld. u. Westf. 10, 337—342 (1963).

— Dolomit im System $Ca^{2+}-Mg^{2+}-CO_3^{2-}-Cl_2^{2-}-H_2O$. Naturwissenschaften 51. Jahrg., 357 (1964 a).

— Die Phasenbeziehungen der Systeme $Ca^{2+}-Mg^{2+}-CO_3^{2-}-SO_4^{2-}-Cl_2^{2-}-H_2O$ und $Na_2^{2+}-Ca^{2+}-Mg^{2+}-CO_3^{2-}-SO_4^{2-}-Cl_2^{2-}-H_2O$. Nachr. Akad. Wiss. Göttingen, II. Math.-Phys. Kl. Nr. 20, 263—265 (1964 b).

WALTER, L. S., P. J. WYLLIE, and O. F. TUTTLE: The system $MgO-CO_2-H_2O$ at high temperatures and pressures. J. Petrol. 3, 49—64 (1962).

WEDEPOHL, K. H.: Einige Überlegungen zur Geschichte des Meerwassers. Fortschr. Geol. Rheinld. u. Westf. 10, 129—150 (1963).

— Die Geschichte des Meerwassers. Mitt. Naturforsch. Ges. Bern 22, Neue Folge, 71—86 (1965).

WELLS, A. J.: Recent dolomite in the Persian Gulf. Nature 194, 274—275 (1962).

—, and L. V. ILLING: Present day precipitation of calcium carbonate in the Persian Gulf. 6th Int. Congress of Sedimentology, 1963.

WEYL, P. K.: The change in solubility of $CaCO_3$ with temperature and CO_2-content. Geochim. et Cosmochim. Acta 17, 214—225 (1959).

WYLLIE, P. J., and O. F. TUTTLE: The system $CaO-CO_2-H_2O$ and the origin of carbonatites. J. Petrology 1, 1—46 (1960).

ZEN, E-An: Solubility measurements in the system $CaSO_4-NaCl-H_2O$ at 35°, 50° and 70 °C and 1 atm pressure. J. Petrology 6, 124—165 (1965).

Literatur für Wasseranalysen

ENGELHARDT, W. VON: Der Porenraum der Sedimente. Berlin-Göttingen-Heidelberg: Springer 1960.

HARTWIG, G.: Zur Petrographie und Transversalschieferung der tieferen Stufe der Zechstein-Großfolge 2. Kali u. Steinsalz 1, H. 8, 8—29 (1955).

HERRMANN, A. G.: Über das Vorkommen einiger Spurenelemente in Salzlösungen aus dem deutschen Zechstein. Kali u. Steinsalz 3, H. 7, 209—220 (1961).

KREJCI-GRAF, K.: Über Ölfeldwässer. Erdöl u. Kohle, Erdgas, Petrochemie 15. Jahrg., 102—109 (1962).

—, K. KRÖMMELBEIN und E. SCHEMITSCH: Zur Natur der Öllagerstätten des Reconcavo Bahiano (Brasilien). Erdöl-Zeitschrift, H. 6, 3—11 (1962).

LEMCKE, K. und W. TUNN: Tiefenwasser in der süddeutschen Molasse und ihrer verkarsteten Malmunterlage. Bull. Ver. Schweizer. Petrol.-Geol. u. Ing. 23, 35 (1956).

MEENTS, W. F., A. H. BELL, O. W. REES, and W. G. TILBURY: Illinois oil field brines, their geological occurrence and chemical composition. Illinois Petroleum 66. Div. State. Geol. Surv., Urbana, 1952.

STORCK, U.: Die Wiederherstellung der Förderfähigkeit des ersoffenen Kalibergwerks Königshall-Hindenburg. Kali u. Steinsalz 1, H. 1, 3—24 (1953).

U. S. *Geological Survey* Water Supply Papers: 1475 J, 1496 D, 1499 B, C, E, G, H, I, 1528, 1539 M, P, V, 1576 D, 1590, 1598, 1601, 1611, 1613 A, B, 1614, 1619 B, CC, E, F, S, 1620, 1647 A, 1669 BB, C, F, J, T, Y (1962—1964).

WHITE, E. D., J. D. HEM, and G. A. WARING: Data of geochemistry, 6th edition. Chemical composition of subsurface waters. Geol. Surv. Prof. Paper 440-F, 1963.

Sachverzeichnis

Allochemische Umkristallisation 59 ff.
Anhydrit 19 ff.
—, Löslichkeit 20, 22
Anorganische Kalkabscheidung 43
Aragonit 25, 46
Artinit 27

Bassanit 19
Binäres System 2
Biogene Karbonate 43
—, Häufigkeit 80
Bischofit 18
Blödit 19
Brucit 27

$CaCl_2$ 18
$CaCO_3$-Dissoziation 24
$CaCO_3$-Hydrate 25
Ca-Dolomit, s. Protodolomit
Calcit 25 ff.
—, Löslichkeit 20, 22
—, Mg-haltig 29, 43, 45, 57
Ca/Mg-Verhältnis, in Gleichgewichtslösungen
     31, 33
—, in Karbonatgesteinen 73
—, in Porenlösungen 56
—, —, rezenter Karbonate 46, 47
$\gamma CaSO_4$ 19
Cölestin 46, 61

D'Ansit 19
Dedolomitisierung 74
—, Häufigkeit 79
—, Lösungszusammensetzungen 75
—, schematische Darstellung 76
Diagenese 45
Dolomit 29 ff.
Dolomitbildung, Hydratation 34, 36
—, Ausgangsmaterial 34
—, frühdiagenetisch 44 f.
—, —, Bereiche 44
—, —, Lösungsgleichgewichte 50 f.
—, —, Paragenesen 48
—, Häufigkeit 69, 78, 79
—, rezent 46
—, spätdiagenetisch 45, 68 ff.
—, —, Isotopenverhältnisse 71

Dolomitbildung, spätdiagenetisch, Lösungen 71
—, —, umgesetzte Mengen 72

Epsomit 19

Fluorit 62
Freiheitsgrade, Phasenregel 2
Frühdiagenese 45
—, Ca-Mg-Karbonate 46 f.
—, —, Gleichgewichte 50
—, —, Reaktionen 51 f.

Gaylussit 27
Gibbssche Phasenregel 2
Gips 19, 46
—, Umwandlung in Anhydrit 19 f., 61
—, —, Lösungsgenossen 21
—, —, Keime 20
—, —, Temperatur 20
—, —, Umwandlungspunkt 19
Glauberit 21
Gleichgewichtsdaten, Zusammenstellung 83 ff.

Häufigkeit, biogene Karbonate 80
—, Ca^{2+} und Mg^{2+}, in Porenlösungen 56
—, —, in Stabilitätsbereichen 69, 79
—, Calcit in Sedimenten 80
—, CO_3^{2-}, SO_4^{2-} und Cl_2^{2-} in Porenlösungen
     56
—, Dolomit in Sedimenten 80
—, Magnesit in Sedimenten 79
—, NaCl in Porenlösungen 55
Hexahydrit 19
Huntit 29
Hydratation 19, 34, 36
Hydromagnesit 27

Isochemische Umkristallisation 57 f.
Isotherme Verdampfung 38
—, Meerwasser 49
—, System $CaCO_3$—$MgCO_3$ 39
—, System $CaCO_3$—$MgCO_3$—$CaSO_4$—
     $MgSO_4$ 40
—, System $CaCO_3$—$MgCO_3$—$CaSO_4$—
     $MgSO_4$—$CaCl_2$—$MgCl_2$ 41

Jäneckesches Quadrat 10

Kieserit 19, 36
Kohlensäure-Dissoziation 24
Kryohydratischer Punkt 3

Lansfordit 27
Leonhardtit 19
Löslichkeiten 83 ff.
Löslichkeitsdiagramm, Anhydrit 20, 22
—, Anhydrit-Calcit 20, 22, 28
—, Anhydrit-Calcit-Dolomit 20, 22, 37
—, Anhydrit-Dolomit-Magnesit 20, 22, 37
—, Calcit 20, 22
—, Calcit-Dolomit 20, 22, 30, 31
—, Dolomit-Magnesit 20, 22, 30, 31
—, Magnesit 20, 22
Löslichkeitskurve 3, 5
Lösungsenthalpie 5
Lösungsgleichgewichte, Darstellung 1 ff.
—, 2-Komponenten-System 2
—, 3-Komponenten-System 4
—, 4-Komponenten-System 6
—, 5-Komponenten-System 11
—, 6-Komponenten-System 13
Lösungszusammensetzungen 60, 67, 68, 71, 75
—, Formulierungen 2, 10, 12
Löweit 19

Magnesit 27
—, Löslichkeit 20, 22
Magnesitbildung, frühdiagenetisch 47, 48, 52
—, Häufigkeit 78
—, spätdiagenetisch 77 f.
Magnesium, im Meerwasser 80
—, in Porenwässern 56
—, Stoffbilanz 79 ff.
Mg/Ca-Verhältnis, s. Ca/Mg-Verhältnis
$MgCl_2$ 18
Mg-Calcit 29, 43, 45
—, Umwandlung 58
$MgCO_3$-Dissoziation 24
$MgSO_4 \cdot 12 H_2O$ 19
Mirabilit 19

NaCl, in $CaCl_2$-Lösungen 18
—, in $MgCl_2$-Lösungen 18
—, in Porenlösungen 55
Nesquehonit 27

Pentahydrit 19
Phasendiagramm, Anhydrit-Ca-Mg-Chlorid-
        hydrat-Calcit-Dolomit-Magnesit-Mg-
        Sulfathydrat 15, 50, 51
—, Anhydrit-Calcit 28
—, Anhydrit-Calcit-Dolomit-Magnesit 37

Phasendiagramm, Anhydrit-Calcit-Dolomit-
        Magnesit-Kieserit 35
—, Ca-Mg-Chloridhydrat-Calcit-Dolomit-
        Magnesit 32
—, Calcit-Dolomit-Magnesit 30, 31
Phasenregel 2
Pirssonit 27
Porenlösungen, absolute Konzentrationen 54
—, Häufigkeit von Ca^{2+} und Mg^{2+} 56, 70, 79
—, Häufigkeit von CO_3^{2-}, SO_4^{2-} und Cl_2^{2-}
        56
—, in rezenten Karbonaten, Ca/Mg-Verhält-
        nis 46, 47
—, NaCl-Gehalte 55
—, relative Zusammensetzungen 56
Porosität, Sedimente 81, 82
Portlandit 26
Prismadarstellung, quinäres System 12, 15
Protodolomit 29, 46
—, Umwandlung 58
Pyramidendarstellung, quaternäres System
        9, 10

Quaternäres System 6
—, Pyramidendarstellung 9, 10
—, Tetraederdarstellung 7
Quinäres System 11
—, Ca^{2+}—Mg^{2+}—CO_3^{2-}—SO_4^{2-}—Cl_2^{2-} 15
—, Prismadarstellung 12, 15

Reaktionen, Dolomitbildung 51, 70
—, Magnesitbildung 52
—, im System $CaCO_3$ 25
—, —, $CaCO_3$—$MgCO_3$ 30
—, —, $CaCO_3$—$MgCO_3$—$CaCl_2$—$MgCl_2$ 33
—, —, $CaCO_3$—$MgCO_3$—$CaSO_4$—$MgSO_4$
        35
—, —, $CaCO_3$—$MgCO_3$—$CaSO_4$—$MgSO_4$—
        $CaCl_2$—$MgCl_2$ 38
—, —, $CaSO_4$ 19
—, —, $CaSO_4$—$MgSO_4$—$CaCl_2$—$MgCl_2$ 23
—, —, $MgCO_3$ 27
—, quantitative Behandlung 67
—, mit Anhydrit 66
—, mit Calcit 62
—, mit Dolomit 64
—, mit Magnesit 65
Rezente Ca-Mg-Karbonate 46 f.
—, Altersabhängigkeit 47
—, Altersbestimmungen 48
—, Bildungsgeschwindigkeit 48
Reziprokes Salzpaar 8
—, Pyramidendarstellung 9, 10

Sättigungsdruck 17
Sättigungsfläche 7
Sättigungskonzentration 4

Sedimentmächtigkeit, Erdkruste 80
Senäres System 13
—, Festkörper 14
Shortit 27
Spätdiagenese 46
—, Ca-Mg-Karbonate 53
—, —, Reaktionen 70, 75 f.
—, —, Umkristallisation 57
—, —, —, Aragonit 57
—, —, —, Mg-Calcit 58
—, —, —, Protodolomit 58
—, $CaSO_4$ 61
Systeme mit Karbonaten 24 ff.
—, $CaCO_3$ 25
—, $CaCO_3$—$CaCl_2$ 27
—, $CaCO_3$—$CaSO_4$—$CaCl_2$ 29
—, $CaCO_3$—$CaSO_4$ 27
—, $CaCO_3$—$MgCO_3$—$CaCl_2$—$MgCl_2$ 32
—, $CaCO_3$—$MgCO_3$—$CaSO_4$—$MgSO_4$—
  $CaCl_2$—$MgCl_2$ 36
—, $CaCO_3$—$MgCO_3$—$CaSO_4$—$MgSO_4$ 35
—, $CaCO_3$—$MgCO_3$ 29
—, $CaCO_3$—$NaCl$ 26
—, $MgCO_3$ 27
—, $MgCO_3$—$MgCl_2$ 27
—, $MgCO_3$—$MgSO_4$ 29
—, $MgCO_3$—$MgSO_4$—$MgCl_2$ 29

Systeme ohne Karbonate 18 ff.
—, $CaCl_2$ 18
—, $CaCl_2$—$CaSO_4$ 22
—, $CaCl_2$—$MgCl_2$ 18
—, $CaSO_4$ 19
—, $CaSO_4$—$MgSO_4$—$CaCl_2$—$MgCl_2$ 23
—, $CaSO_4$—$MgSO_4$ 23
—, $CaSO_4$—$NaCl$ 21
—, $MgCl_2$ 18
—, $MgCl_2$—$MgSO_4$ 22
—, $MgSO_4$ 19

Tachhydrit 18, 32
Ternäres System 4
—, isotherme Darstellung 5
Tetraederdarstellung, quaternäres System 7
—, Zentralprojektion 8
Thenardit 19

Umkristallisation, allochemisch 59
—, isochemisch 57
—, Umsatzberechnung 60, 67

Vanthoffit 19
Vaterit 25, 43

Wassermengen, Umkristallisation 60
—, Dolomitbildung 72

Herstellung: Konrad Triltsch, Graphischer Betrieb, Würzburg